艺术设计
ARTDESIGN
BDSIGN

高等院校艺术学门类『十三五』规划教材

三维场景模型建模

SANWEI CHANGJING MOXING JIANMO

主编 韩冀 杨毅

副主编 徐郑冰 杨恒 骆哲

参编 吴成勾 孙云飞 牟堂娟 邓婧 秦成

华中科技大学出版社
http://www.hustp.com
中国·武汉

内 容 简 介

随着计算机技术的不断发展,影视动画及游戏领域对于三维场景模型人才的需求与日俱增。本书旨在介绍游戏场景模型的建模过程与技巧,目的是为 CG 场景设计师提供一套成熟且完整的建模解决方案。

本书是为已基本掌握软件操作技能但实战经验较少的 CG 爱好者及相关专业学生编写的。软件是工具,思维才是最重要的。绘画是三维建模的创作基础,它可以影响我们对审美以及对周围事物的看法。从三维模型结构到贴图绘制,良好的美术基础是三维建模的基本要求。

本书由浅到深地通过多个完整的模型实例,详细讲解了运用 3ds Max 及图形编辑软件制作场景模型的高级技术,使用强大的 3ds Max 建模工具进行快速精确的场景模型制作,为最终进行场景设计奠定良好的技术基础。

本书既可作为各种 CG 场景造型设计和制作人员的辅助用书,也可作为广大建模爱好者及大专院校相关艺术专业的教学用书。

图书在版编目(CIP)数据

三维场景模型建模 / 韩冀,杨毅主编. — 武汉:华中科技大学出版社,2014.12(2024.1重印)
ISBN 978-7-5680-0560-9

Ⅰ.①三…　Ⅱ.①韩…　②杨…　Ⅲ.①三维动画软件 – 高等学校 – 教材　Ⅳ.①TP391.41

中国版本图书馆 CIP 数据核字(2015)第 002689 号

三维场景模型建模　　　　　　　　　　　　　　　　　　　韩　冀　杨　毅　主编

策划编辑:曾　光　彭中军
责任编辑:韩大才
封面设计:龙文装帧
责任校对:祝　菲
责任监印:张正林
出版发行:华中科技大学出版社 (中国·武汉)
　　　　　武昌喻家山　　　邮编:430074　　　电话:(027)81321915
录　　排:龙文装帧
印　　刷:武汉市洪林印务有限公司
开　　本:880 mm×1 230 mm　1/16
印　　张:10
字　　数:314 千字
版　　次:2024 年 1 月第 1 版第 3 次印刷
定　　价:49.00 元

目录

1 第1章 三维场景模型设计概论

1.1 什么是三维 /2

1.2 三维制作的整体流程 /3

1.3 3ds Max 发展历史 /4

1.4 3ds Max 的应用领域 /5

7 第2章 3ds Max 界面命令及基本操作

2.1 3ds Max 界面 /8

2.2 3ds Max 基本操作 /15

17 第3章 3ds Max 模型基础技术

3.1 创建基本形体 /18

3.2 可编辑多边形 /19

3.3 各层级基础命令 /21

3.4 修改器 /25

27 第4章 场景道具模型实例制作

4.1 制作前的准备 /28

4.2 熔炉底部岩石制作 /29

4.3 熔炉炉体制作 /30

4.4 熔炉圆顶制作 /33

4.5 熔炉细节制作 /34

4.6 熔炉 UV 展开与贴图赋予 /40

SANWEI CHANGJING MOXING JIANMO

45 **第 5 章　室内场景模型实例制作**

5.1　制作前的准备　/46

5.2　酒馆墙壁制作　/46

5.3　酒馆内杂物制作　/50

5.4　酒馆 UV 展开及贴图赋予　/55

57 **第 6 章　室外场景模型实例制作**

6.1　制作前的注意事项　/58

6.2　制作前的准备　/58

6.3　场景模型主体制作　/60

6.4　场景细节制作　/67

6.5　室外场景模型的 UV 展开与贴图赋予　/107

111 **第 7 章　大型场景综合实例制作**

7.1　制作前的注意事项　/112

7.2　制作前的准备　/112

7.3　大型场景的模型制作　/113

7.4　大型场景模型的 UV 展开与贴图赋予　/155

第 1 章

三维场景模型设计概论

SANWEI CHANGJING MOXING SHEJI GAILUN

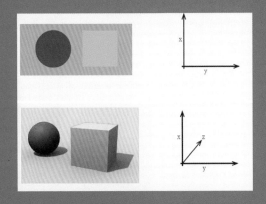

1.1
什么是三维

要了解三维需要先了解二维。"维"是一种度量。二维就是我们看到的几何图片,比如一个长方形、一个圆形。而三维在二维基础上多了一个维度,是由 x、y、z 轴构成的三个坐标轴。这种长、宽、高就构成了立体空间。二维坐标与三维坐标对比如图 1-1 所示。

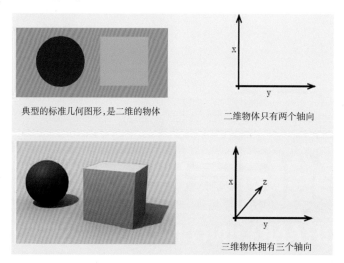

典型的标准几何图形,是二维的物体

二维物体只有两个轴向

三维物体拥有三个轴向

图 1-1　二维坐标与三维坐标对比

随着计算机产品的不断升级换代,计算机的计算速度越来越快。与此同时的三维图形技术也突飞猛进地发展。三维的用处越来越广。通过三维技术可以实现逼真的现场体验。三维技术越来越先进,三维创造的物体越来越逼真。好莱坞运用这种三维和现实交互的技术创造了一个又一个大片,三维动画师利用三维技术创造了一个又一个活灵活现的三维卡通人物。

图 1-2 和图 1-3 所示为利用三维技术制作的三维游戏。

图 1-2　三维游戏《极品飞车》

图 1-3　三维游戏《战神》

1.2
三维制作的整体流程

在不同的行业，三维制作的流程稍有不同，但是它们的基本流程是差不多的。我们来分析一下制作的整体流程：建模→材质→灯光→渲染。

第一步是模型的建造。无论是制作一部游戏还是一部动画都需要先有模型。创建模型的步骤就叫作建模。建模的工作是非常重要的。有了模型之后还需要为模型加上材质，做好灯光和阴影，这样整个模型才能真实，并且需要计算机处理一下才能得到最终图像。计算的过程叫作渲染。

图 1-4 所示为游戏模型——建筑，图 1-5 所示为游戏模型贴图。

图1-4　游戏模型——建筑

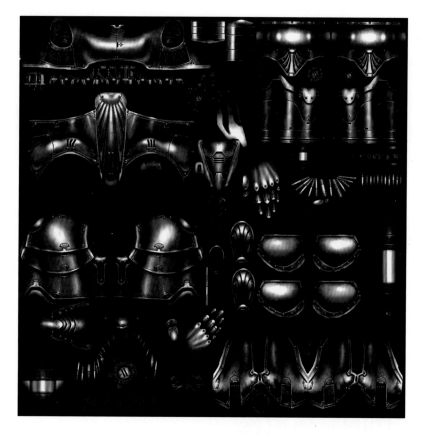

图 1-5 游戏模型贴图

1.3
3ds Max 发展历史

　　3D Studio Max，常简称为 3ds Max 或 MAX，是 Discreet 公司开发的（后被 Autodesk 公司合并）基于 PC 系统的三维动画渲染和制作软件。其前身是基于 DOS 操作系统的 3D Studio 系列软件。在 Windows NT 出现以前，工业级的 CG 制作被 SGI 图形工作站所垄断。3D Studio Max + Windows NT 组合的出现降低了 CG 制作的门槛，首先运用在电脑游戏中的动画制作，后来开始参与影视片的特效制作，例如《X 战警 II》《最后的武士》等。在 Discreet 3ds Max 7 后，正式更名为 Autodesk 3ds Max。

　　Autodesk 3ds Max 相对于其他三维软件优势明显，首先 3ds Max 有非常好的性价比，它所提供的强大功能远远超过了它自身低廉的价格，一般的制作公司就可以承受得起。这样就可以使作品的制作成本大大降低，而且它对硬件系统的要求相对来说也很低，一般普通的配置已经就可以满足学习的需要了。

　　3ds Max 容易上手，3ds Max 的制作流程十分简洁高效，只要操作思路清晰，操作是非常容易的。

1.4

3ds Max 的应用领域

3ds Max 是在全球拥有很多用户的三维软件，尤其是在游戏、建筑、影视领域，目前已经开始向高端电影产业进军。在同类软件中，Maya、Soft image/XSI、Light Wave 3D 等其他软件也表现非常出色。下面将主流三维软件进行对比分析。

Maya：拥有强大的粒子系统、动力学系统、角色动画系统、NURBS 建模系统。

XSI：拥有强大的非线性动画系统和 Mental ray 超级渲染器。

Light Wave：拥有强大的多边形建模能力和优秀的渲染器。

3ds Max：拥有众多的插件的支持。虽然本身欠缺一些功能，但几乎所有的缺陷都有强大的插件作为补充。

3ds Max 的主要运用范围有游戏开发、三维动画制作、虚拟现实、电影电视特效、影视产品广告、栏目包装、工业造型设计等相关领域。

图 1-6 所示为游戏《魔兽世界》的画面，图 1-7 所示为动画《冰河世纪》的画面。

图 1-6 游戏《魔兽世界》

图 1-7 动画《冰河世纪》

图 1-8 所示为电影电视特效，图 1-9 所示为栏目包装，图 1-10 所示为工业造型设计。

图 1-8 电影电视特效

图 1-9 栏目包装

图 1-10 工业造型设计

第 2 章

3ds Max 界面命令及基本操作

3ds Max JIEMIAN MINGLING JI JIBEN CAOZUO

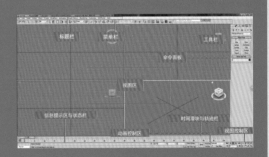

2.1
3ds Max 界面

了解和学习 3ds Max 首先需要了解整个软件的界面，熟知和清晰地认识整个界面对于日后完整学习场景模型制作有着十分重要的作用。下面就 3ds Max 整体界面进行介绍。

进入 3ds Max 能够看到图 2-1 所示的初始界面，主要包括几个区域：标题栏、菜单栏、工具栏、视图区、命令面板、视图控制区、动画控制区、信息提示区与状态栏、时间滑块和轨迹栏。

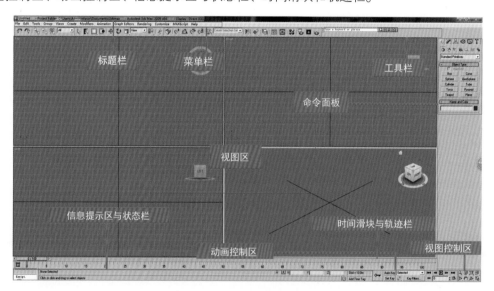

图 2-1　3ds Max 的初始界面

2.1.1　菜单栏

3ds Max 菜单栏位于屏幕界面的上方，如图 2-2 所示。菜单中的命令如果带有省略号，表示会弹出相应的对话框，带有小箭头表示还有下一级的菜单。

File　Edit　Tools　Group　Views　Create　Modifiers　Animation　Graph Editors　Rendering　Customize　MAXScript　Help

图 2-2　菜单栏

菜单栏中的大多数命令都可以在相应的命令面板、工具栏或快捷菜单中找到，远比在菜单栏中执行命令方便得多。

2.1.2　工具栏

在 3ds Max 菜单栏的下方有一栏按钮，称为工具栏，如图 2-3 所示，通过工具栏可以快速执行 3ds Max 中很多常见任务。将光标放置到按钮之间的空白处，光标会变为箭头状，这时可以拖动光标来左右滑动工具栏，以看到隐藏的工具按钮。

图 2-3　工具栏

在工具栏中，有一部分按钮的右下角有一个小三角形标记，代表本按钮下隐藏有多重按钮选择。当不清楚命令按钮名称时，可以将光标箭头放置在按钮上停留，就会出现这个按钮的命令提示。

若工具栏没有显示，让其显示的方法为：单击菜单栏中的自定义→显示→显示主工具栏命令，即可显示或关闭工具栏，也可以按键盘上的"Alt+6"键进行切换。

撤销上次操作。

恢复上次操作。

建立父子关系链接。

撤销父子关系链接。

结合到空间扭曲，使物体产生空间扭曲的效果。

选择过滤器，按所需的条件选择需要的物体。此过滤菜单有下拉菜单，如图 2-4 所示。

图 2-4　选择过滤器的下拉菜单

All　全部

Geometry　集合物体（模型）

Shapes　曲线

Lights　灯

Cameras　相机

Helpers　帮助物体

Warps　包裹物体

Combos　组合物体

Bone　骨骼物体

IK Chain Object　IK 手柄物体

Point　点

这个下拉菜单的选项是按照物体的类型来列举的。如果场景里有很多物体，而且是多种类型的物体，这样就能够通过这个菜单来选择需要的物体。

选择工具，快捷键：Q 键。

按名称选择物体，快捷键：H 键。

单击打开，弹出图 2-5 所示的对话框。

选择区域按钮，可以切换成其他的选择区域（矩形选择、圆形选择、自由选择、曲线选择、磁性选择）。单击，可以切换到其他的方式，如图 2-6 所示。

选择方式，单击可以切换（包裹选择和部分选择）。

包裹选择——要把物体全部框选起来才能选择到。

部分选择——只要选择物体的一部分就能选择到物体。

移动 W 键、旋转 E 键、缩放 R 键。缩放工具有几种方式，如图 2-7 所示。

图 2-5　"Select Objects" 对话框

坐标选择器，展开它我们可以看到图2-8所示菜单，根据需要选择坐标。

图2-6　选择区域按钮　　图2-7　缩放工具的方式　　图2-8　坐标选择器

轴心点切换工具，单击展开，可以看到图2-9所示菜单。

根据需要，选择不同的轴心点坐标。

操纵器，主要是对辅助物进行操纵，比如滑杆之类的。

单击捕捉工具、旋转捕捉、百分比捕捉、增量捕捉这几个捕捉工具，之后就能够打开相应的下拉菜单，一共有三项，如图2-10所示。

图2-9　轴心点切换工具　　　图2-10　单击捕捉工具的下拉菜单

根据不同的需要选择捕捉的具体菜单，如图2-11所示。

在捕捉图标上单击右键，弹出以下菜单，选择一个就能按照其功能进行捕捉了。

Grid Point	（网格点）	Grid Lines	（网格线）
Pivot	（轴心点）	Bounding Box	（物体外框）
Perpendicular	（直角点）	Tangent	（切线点）
Vertex	（点）	Endpoint	（端点　终点）
Edge/Segment	（边　线段）	Midpoint	（中点）
Face	（面）	Center Face	（面的中心）

旋转捕捉：很多时候，旋转一个固定的角度，可以打开旋转捕捉，直接单击按钮，系统默认的旋转角度为5度，可以根据自己的需要更改角度的大小，操作方式如下。

鼠标右键单击旋转捕捉按钮，弹出菜单，更改"Angle"后面的数值，如图2-12所示。

图2-11　选择捕捉的具体菜单　　　图2-12　更改 Angle 后面的数值

百分比捕捉：一般运用于物体的缩放。如果不想随意地缩放大小的话，单击百分比捕捉按钮，就能够按照一定的比例来缩放了。也可以改变缩放的百分比，具体操作如下。

鼠标右键单击百分比捕捉按钮，弹出菜单，更改"Percent"后面的数值，如图 2-13 所示。

 编辑名字选择设置，后面的空白选项，可以给选择的物体建立一个选择集的名字，这样就能够更加快捷地选择到想要选择的物体。建立的这个选择集的名字并不会改变物体本身的名称。

前面部分，可以更改选择集的名称或者添加删除选择集，主要是一个管理选择集区域。

镜像工具以及对齐工具，镜像工具其实也可以当作复制工具来使用，只是它所复制的物体都是对称的。镜像工具的主要参数面板如图 2-14 所示。

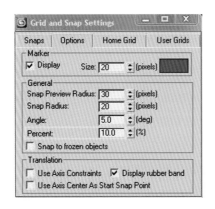

图 2-13　更改"Percent"后面的数值　　　图 2-14　镜像工具的主要参数面板

Mirror Axis：主要是物体镜像的坐标轴和坐标平面，下面的 Offset 是偏移值。

Clone Selection：克隆复制选项。

No Clone：不克隆、不复制。

Copy：复制。

Instance：关联复制（选择这个选项后，复制出来的物体会随原物体的修改而修改）。

Reference：参考复制。

Mirror IK Limits：镜像 IK 限制，主要用于物体的绑定。

层命令。

曲线编辑器、图解编辑器（可以看清物体之间的关系）。

材质编辑器。

渲染设置按钮、渲染条件、快速渲染（看效果）。

2.1.3　视图区介绍

视图区位于界面的正中央，几乎所有的操作，包括建模、赋予材质、设置灯光等工作都要在此完成。当首次打开 3ds Max 时，系统缺省状态是以四个视图的划分方式显示的，它们是顶视图、前视图、左视图和透视视图，这是标准的划分方式，也是通用的划分方式，如图 2-15 所示。

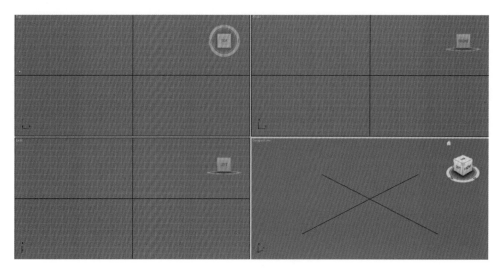

图 2-15　标准的划分方式

（1）顶视图：显示物体从上往下看到的形态，可缩放以及拖拽操作。

（2）前视图：显示物体从前向后看到的形态，可缩放以及拖拽操作。

（3）左视图：显示物体从左向右看到的形态，可缩放以及拖拽操作。

（4）透视视图：一般用于观察物体的形态，可缩放、拖拽以及旋转操作。

Top（顶视图）、Front（前视图）、Left（左视图）、Perspective（透视图），在每个视图的左上角都有标记。

在每个视图的左上角的英文名称处，点击鼠标右键，将会有一个命令面板出现，如图 2-16 所示。这个命令面板主要包括关于视图显示的一些命令，也可以在这里做切换视图、物体的显示方式、网格的显示、相机安全区域显示等操作。下面介绍视图的切换操作。将鼠标指针移动到第一项"Views"上，会自动出现如图 2-17 所示的界面。

图 2-16　命令面板

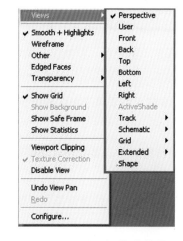

图 2-17　"Views" 的菜单

如图 2-17 所示，选择某一视图后当前视图就会变成所选择的视图。

Perspective（透视图）　　　　TOP（顶视图）

User（用户视图）　　　　Bottom（底视图）

Front（前视图）　　　　Left（左视图）

Back（后视图）　　　　Right（右视图）

在实际操作中除了可以利用视图左上角的英文名称来切换视图以外，还可以利用快捷键来切换视图。

Perspective（透视图）——P 键。

User（用户视图）——U 键。

Front（前视图）——F 键。

Back（后视图）——因为与其他快捷键冲突，只能在视图左上角选择切换。

TOP（顶视图）——T 键。

Bottom（底视图）——B 键。

Left（左视图）——L 键。

Right（右视图）——因为与其他快捷键冲突，只能在视图左上角选择切换。

如果场景中有摄像机的话，也能够切换到摄像机视图。

Camera（相机视图）——C 键，如图 2-18 所示。

如果场景里有多个相机，按下 C 键之后，会弹出一个相机选择的菜单，如图 2-19 所示。

图 2-18　相机视图

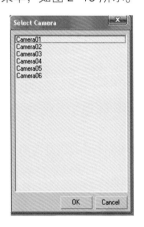

图 2-19　相机选择菜单

如果需要切换至相应的相机视图，直接用光标选择相应的相机就可以了，或者连续按 C 键，这样 3ds Max 会自动在相机选择面板中切换相机。

2.1.4　命令面板介绍

命令面板部分作为 3ds Max 的核心部分，几乎包括了全部的工具和命令，这一部分可以说是最为重要的，命令面板如图 2-20 所示。

图 2-20　命令面板

位于视图区最右侧的是命令面板。命令面板集成了 3ds Max 中大多数的功能与参数控制项目，它是核心工作区，也是结构最为复杂、使用最为频繁的部分。创建任何物体或场景主要通过命令面板进行操作。在 3ds Max 中，一切操作都是由命令面板中的某一个命令进行控制的。命令面板包括 6 个部分，如图 2-21 所示。

图 2-21　命令面板选项

命令面板选项从左到右分别介绍如下。

创建模块（Create）：创建 MAX 自带的基础物体，包括几何体、曲线、灯光、相机、帮助物体、空间物体、骨骼等。

修改模块（Modify）：用于修改和编辑物体的属性。

层级模块（Hierarchy）：用于控制物体的层次连接。

运动模块（Motion）：控制动画的变换，比如位移、缩放、旋转、轨迹等状态。

显示模块（Display）：控制物体在视图中的显示状态。

程序模块（Utilitiew）：包含常用程序和添加程序，以及动力学等方面的一些程序。

2.1.5　视图控制区

3ds Max 视图控制区位于工作界面的右下角，如图 2-22 所示，主要用于调整视图中物体的显示状态，通过缩放、平移、旋转等操作达到方便观察的目的。

图 2-22　视图控制区

2.1.6　动画控制区

动画控制区的工具主要用来控制动画的设置和播放。动画控制区位于屏幕的下方，如图 2-23 所示。用来滑动动画帧的时间滑块位于 3ds Max 视图区的下方。

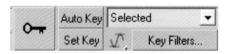

图 2-23　动画控制区

2.1.7　信息提示区与状态栏

信息提示区与状态栏用于显示 3ds Max 视图中物体的操作效果，例如移动、旋转坐标以及缩放比例等，如图 2-24 所示。

图 2-24　信息提示区与状态栏

2.2

3ds Max 基本操作

2.2.1　物体操作

选择物体：选择工具的快捷键为 Q 键，在视图中单击或者拖拽一个选择框来选择。

移动物体：移动工具的快捷键为 W 键，在视图中按照需要的方向来移动。

旋转物体：旋转工具的快捷键为 E 键，在视图中按照需要的角度来旋转物体。

缩放物体：缩放工具的快捷键为 R 键，在视图中按照需要的大小来对物体进行缩放。

2.2.2　视图操作

移动视图：按住鼠标中键不放，移动。

旋转视图：按住 Alt 键不放，然后按鼠标中键移动，这样视图就能够旋转。

缩放视图：按鼠标中键，滚动。

需要一个物体在视图中最大化显示，按键盘上的 Z 键。需要最大化视图，按"Alt + W"键。

2.2.3　MAX 单位的设置

在创建物体之前，先把 MAX 的单位设定好。单位的设置，在整个动画流程里面是很重要的，所以，一定要养成这个好习惯，这对以后的动画制作也是很有帮助的。

下面介绍如何设定 MAX 软件的单位。首先找到菜单栏，点击"Customize"菜单，单击打开，找到"Units Setup"项，如图 2-25 所示。单击打开，出现图 2-26 所示界面。

图 2-25　找到"Units Setup"项　　　图 2-26　"Units Setup"对话框

选择"Metric",如图 2-27 所示。

在"Metric"下面的下拉菜单中选择一个合适的单位,在这里选择厘米"Centimeters",如图 2-28 所示。

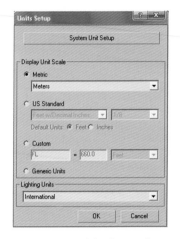
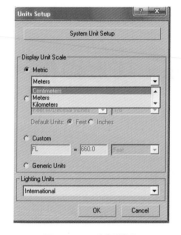

图 2-27　选择"Metric"　　　　图 2-28　选择单位

然后单击"System Unit Setup"按钮,打开图 2-29 所示对话框,在单位下拉菜单中选择厘米"Centimeters",如图 2-29 所示。

图 2-29　"System Unit Setup"对话框

单击"OK"按钮结束,这样 MAX 单位就设置为厘米,后面创建的物体的大小就都是以厘米来计算了。

第 3 章

3ds Max 模型基础技术

3ds Max MOXING JICHU JISHU

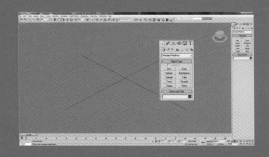

3.1

创建基本形体

打开 3ds Max 2009，按"Alt+W"键全屏显示三维视图。右侧默认显示的就是创建菜单，在这里可以创建各种三维基本形体，如图 3-1 所示。

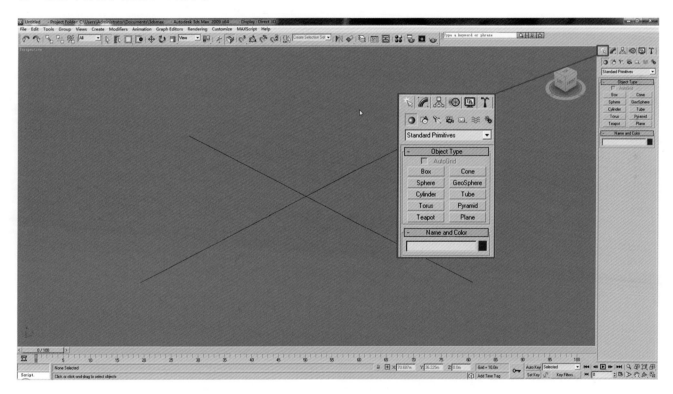

图 3-1　创建菜单

以创建"Box"为例介绍创建基本形体的基本步骤。

首先点击"Box"，此时该选项为黄色的选中状态，接着就可以在视图中任何地方单击鼠标左键并拖动，此时可以看到创建出了一个面。然后放开鼠标左键进行纵向拖动，可以看到创建了一个立方体，纵向拖动的过程可以调整高度，最后拖动到合适的高度后再单击一次鼠标左键，至此就完成了一个"Box"的建立。此时创建"Box"按钮仍然是选中状态，如果继续单击其他地方可以创建新的立方体。如果要取消该形体的创建状态，只需在视图中任意地方单击鼠标右键即可。"Object Type"内的基本形体都是通过这样的方式创建的。在创建的过程中，如果要对模型大小进行精确设定或对模型进行分段，可以在"Parameters"下进行参数设定。"Length""Width""Height"分别对长、宽、高设定精确值，"Length segs""Width segs""Height segs"分别对长、宽、高进行分段，如图 3-2 所示。

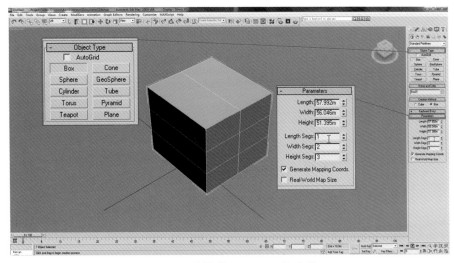

图 3-2　设置"Parameters"参数

如果在创建完成后需要对基本形体的参数进行调整，可以单击选中基本形体，然后在右上角找到 修改工具栏，在里面同样可以找到"Parameters"参数选项。

3.2
可编辑多边形

下面以创建好的"Box"为例，介绍 3ds Max 中应用最为广泛的制作模式"可编辑多边形"。

首先选中想要对其进行编辑的一个或多个模型，按住 Ctrl 键并单击鼠标左键可以加选，按住 Alt 键并单击鼠标左键可以减选。选中之后单击鼠标右键找到"Convert to"，在展开的菜单中找到"Convert to Editable Poly"转换为可编辑的多边形，如图 3-3 所示。转换过程等效于"塌陷"，其效果是整合选中模型的所有修改器以节约系统空间。比如，在对一个可编辑的多边形添加了一系列修改后，可以用这个步骤再转换一次可编辑多边形，转换为其他编辑模式也可合并所有修改器。本书后面提到的"塌陷"专指转换为可编辑多边形这个步骤。

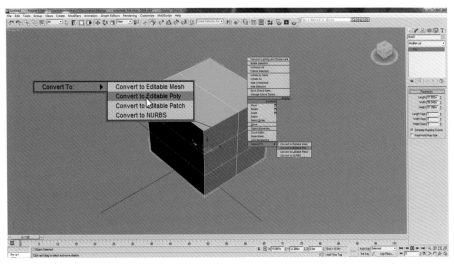

图 3-3　可编辑多边形的转换

　　转换完成后，可以看到修改工具栏中的选项发生了变化，如图 3-4 所示。图 3-4 中红色方框部分就是堆栈栏，这里会显示制作过程中对模型添加的所有修改器，修改器下方的按钮可以对堆栈中的修改器进行显示、隐藏、删除等操作。

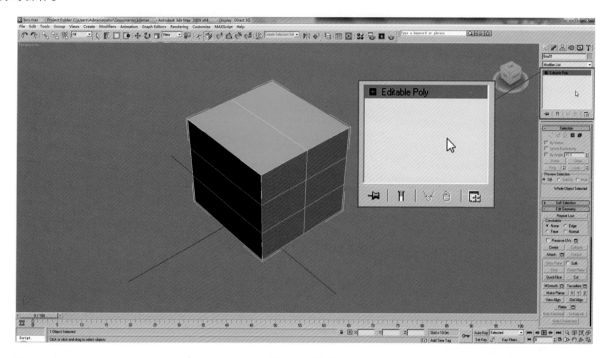

图 3-4　堆栈

　　如图 3-5 所示，单击堆栈中 "Editable Poly" 左侧的小加号，可以看到下面有 5 个层级，分别是 "点层级" "线层级" "边界层级" "面层级" "元素层级"。单击其中的任意一项就可以进入这个层级，并可在这个层级的影响范围内对模型进行修改。单击 "Selection" 下面的 5 个图标同样可以进入这些层级。这些层级对应的快捷键依次是 1 键到 5 键，退出选中层级的快捷键是 6 键。

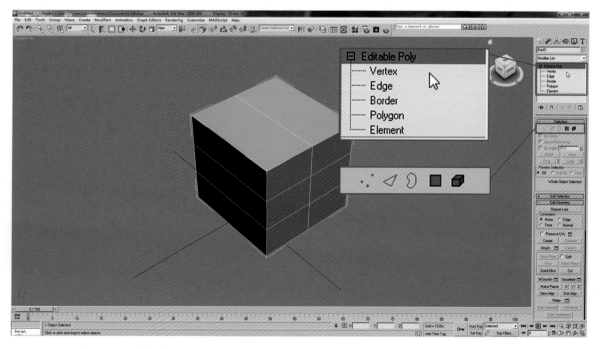

图 3-5　多边形编辑层级

有一点一定要注意，当堆栈中的项目为灰色时，可以对选中的整个模型进行移动、旋转、缩放、复制等一系列修改。但是，当选中了堆栈中的选项时，选项会显示为黄色，这时就进入了层级或者修改器编辑状态，对模型进行修改会受到编辑器或层级的约束。此时要想对整个模型进行移动、对齐、复制等操作，要再次单击堆栈中被选中的选项，使其还原到灰色状态。如果是在层级选中状态下，按快捷键 6 键可以快速退出层级还原到灰色状态。

在可编辑多边形非层级状态下有一个命令很常用，那就是"Edit Geometry"栏下面的"Attach"附加命令，这个命令可以将多个可编辑多边形附加到一起成为一个整体。使用方法是单击一个物体，然后单击该命令，接着选中需要组合为一体的其他物体。也可以单击命令右侧的小方框，在弹出的列表中根据模型名字进行合并。后面介绍的很多命令，如果其右侧有小方框，使用时大都是单击方框进行参数设定。

3.3
各层级基础命令

3.3.1　点层级

首先进入点层级，如图 3-6 所示。点层级可以对构成模型的所有点进行编辑，可以选中一个或多个点对其进行移动等操作，也可以在"Edit Vertices"编辑点这一栏使用修改命令进行修改。图中红色方框内是一些常用的修改命令。

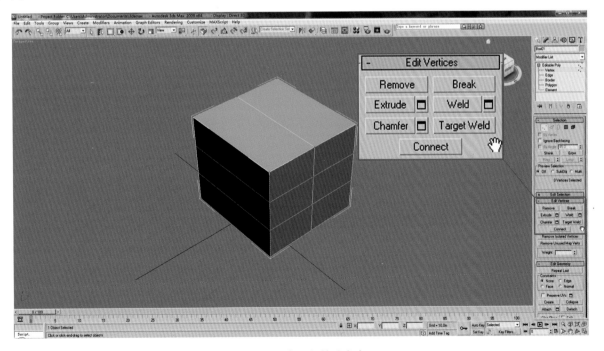

图 3-6　点层级基础命令

"Remove"删除命令：可以删除选中的点，与按 Delete 键删除点的区别在于：用 Delete 键删除点会将所删除的点所构成的面一并删除；而使用"Remove"删除点会保留点所构成的面，只删除由这个点构成的线段。该命令的使用方法是先选中一个或多个目标，再单击命令或命令旁边的小窗口。后面介绍的命令的使用方法大致如此，个别命令的方法不同会另做介绍。

"Break"打破命令：可以将选中的点打散成多个点，生成的点的数量与该点所连接的线的数量一致。如果选中一个点，然后单击"Break"，对其进行打散，这时会看不到任何效果，这是因为打散后的点重叠在一起了，所以只显示一个点。如果细心观察可以发现，"Selection"一栏底部对目标的叙述发生了变化，由点的号码变成了点的数量，我们可以逐个单击选中并移动来分开这些点。

"Extrude"挤压命令：可以将选中的点凸出或凹陷，使用时单击右侧的小方框可以设定参数。

"Weld"焊接命令：这个命令与打破命令相反，是将多个点融合为一个点，使用时单击右侧的小方框可以设定焊接范围，效果是将所选中的该范围内的所有点焊接到一起。

"Chamfer"倒角命令：这个命令可以将选中的点铺开成为一个面，如果选中了模型的一角，就相当于将这个角磨平，使用时单击右侧的小方框可以设定展开范围。

"Target Weld"目标焊接命令：与焊接命令同理，但是使用方法不同，使用时单击该选项，依次单击需要焊接到一起的两个点。

"Connect"连接命令：可以选中处在同一个面上的两点进行连线。

3.3.2 线层级

各层级的原理大致相同，对选中目标进行点、线、面等类型的结构分解，约束某个层级就是通过该结构对模型进行修改。线层级的常用命令如图 3-7 所示。

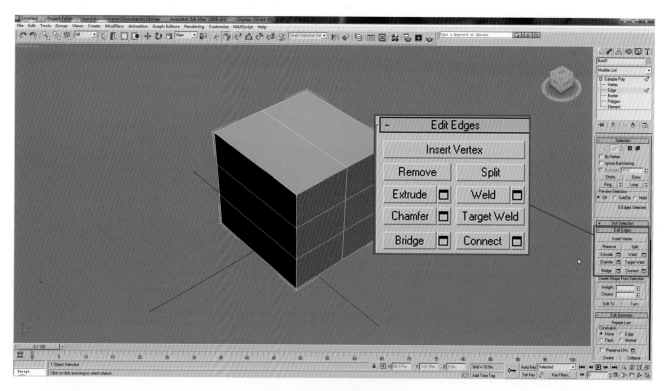

图 3-7　线层级的常用命令

"Insert Vertex"插入顶点命令：该命令可以在选中的线上任意添加点。

"Remove"删除命令：与点层级的删除命令作用方式一致，与用 Delete 键删除的区别也和前面介绍的一致。

"Extrude"挤压命令：与点挤压的方法类似，不过线层级是对一条线进行凸出或凹陷处理。

"Chamfer"倒角命令：与点层级的倒角命令相同，将选中的棱细分，即用更多的线来替代之前的选中线，用于表现转折，这个命令可以将转角处的棱变得更圆滑。

"Bridge"桥命令：该命令可以将选中的两条线连接成一个面，使用方法与目标焊接相同，先单击该命令，再选择需要连接的线。

"Connect"连接命令：这个命令可以把同一个面上的两条线用垂直于它们的线段连接起来，单击右侧的窗口可以设置添加线的数量、位置及间隔。使用这个命令可以同时选中整个模型相互平行的线，从而为模型添加一整圈的线。

3.3.3　边界层级

边界层级如图 3-8 所示。为了体现边界层级的作用，我们可以删除一个面，然后在边界层级选中这个缺口即边界，该层级就是用来对这样的破面从边界入手进行修改。

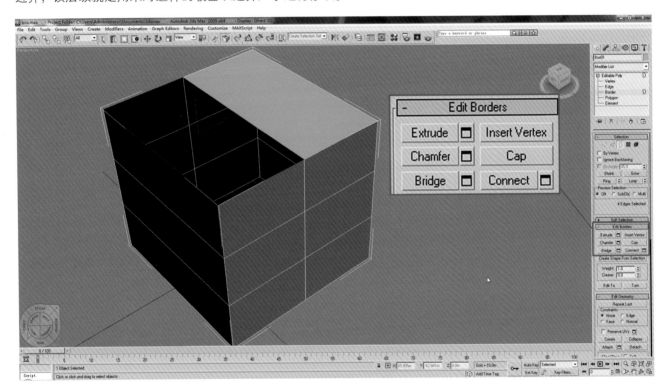

图 3-8　边界层级基础命令

"Extrude"挤压命令：通过扩张或者收缩的方式进行凸出或凹陷。其实选中某个破面的边界后可以按住 Shift 键加移动工具沿着破面方向拖动，同样可以达到挤压的效果，还可以用 Shift 键加缩放、旋转等来改变开口的形态。

"Insert Vertex"插入顶点命令：与线层级的作用相同，可以在选中的边界上随意地添加点。

"Chamfer"倒角命令：与边层级的作用相同。

"Cap"补面命令：这个命令的作用就像给开口盖上一个盖子一样，把缺口补上。

"Bridge"桥命令：边界与边界之间用多个面进行连接，其用法与线层级的桥命令相同。

"Connect"连接命令：可以将同一平面内的两个破面进行线段连接。

3.3.4　多边形层级

多边形层级也就是面层级，各个层级的一些常用命令都在这个区域附近，如图 3-9 所示。

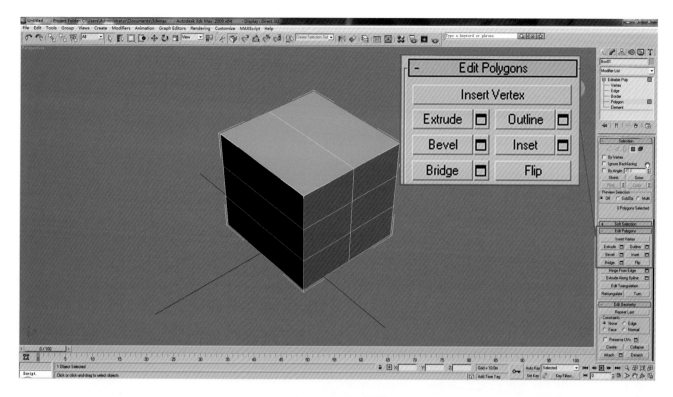

图 3-9　多边形层级基础命令

"Insert Vertex" 插入顶点命令：每个层级都可以为模型添加点，毕竟点是构成所有形体的基本单位；反过来，可以利用对点的更改制作出一切想要的形状。面层级的添加点与其他层级的有所不同，可以在所选中面的范围内的任意一个地方添加点，与此同时会生成构成该点的所有连线。

"Extrude" 挤压命令：对选中的面进行凸出或凹陷，单击右侧的小方框可设置挤压类型和高度或深度。

"Outline" 轮廓命令：可以将选中的面进行缩放，其效果和缩放工具差不多，不过这里可以对数值进行设定。

"Bevel" 斜角命令：挤压命令的升级版，可以对挤压后的面进行大小修改。

"Inset" 添加面命令：该命令用于在选中的面上通过缩小或放大的方式生成另一个面。例如在一个圆形的面上使用该命令，会生成一个同心圆。

"Bridge" 桥命令：该命令是大部分层级都有的，其用法都是先单击该命令，再选择目标。其效果在各个层级会有不同的体现。

"Flip" 翻转命令：法线翻转，将选中的面进行翻面。

3.3.5　元素层级

元素层级与其他层级有所不同，这个层级主要是对合并后的模型进行修改的，如图 3-10 所示。将制作好的模型的 "零件" 通过附加命令组合在一起，组合后要对某个 "零件" 进行修改就需要在元素层级进行。

"Insert Vertex" 插入顶点命令。"Flip" 翻转命令与面层级的效果相同。"Edit Triangulation" 三角面模式。这些部分并不是很常用。但是下面的 "Attach" 和 "Detach" 命令就比较有用了。"Attach" 附加命令，其用法和效果与前面介绍的一致。当要将某个部分从整体中提取出来时就要用到 "Detach" 分离命令。选中构成整个模型的其中一个元素，然后单击 "Detach" 就可以将这个元素提取出来进行修改了。

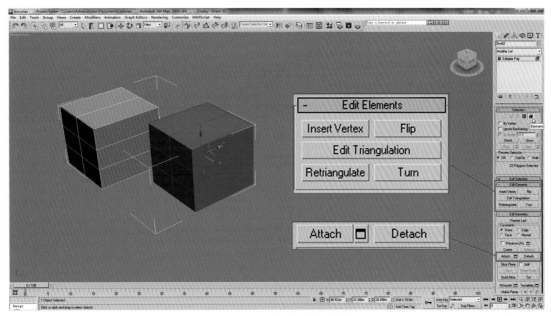

图 3-10　元素层级基础命令

3.4
修改器

如图 3-11 所示，方框标出的部分就是修改器选项，我们可以通过首字母快速搜索想要的修改器。3ds Max 中有大量的修改器，可以对模型进行特殊修改。

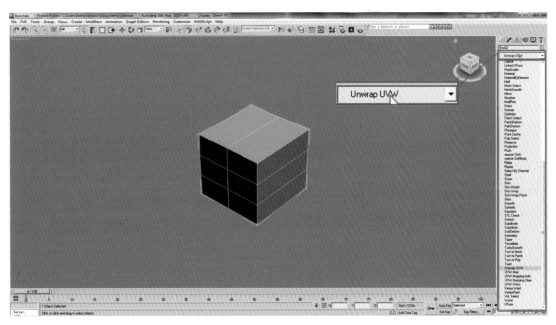

图 3-11　修改器搜索

如图 3-12 所示，这里介绍最常用的修改器"Unwrap UVW"UV 展开修改器。首先在修改器一栏输入首字母
"U"找到"Unwrap UVW"UV展开修改器并单击，此时就为模型附加了一个 UV展开修改器。在堆栈可以看到添
加过的修改器，可以在堆栈中选中这些修改器，并在堆栈下方的设置栏利用修改器的参数设置对模型进行一系列
的修改。修改器就好比一个"模子"，通过这个"模子"的形式对模型进行对应的改动。

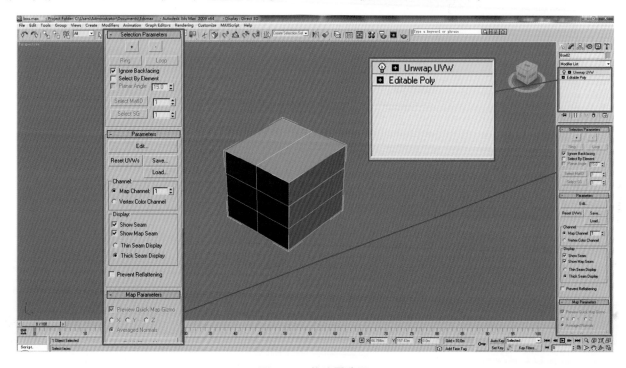

图 3-12　修改器选项

3ds Max 中有大量的命令和修改器，在使用过程中慢慢体会这些命令的作用，做到灵活运用。

第 4 章

场景道具模型实例制作

CHANGJING DAOJU MOXING SHILI ZHIZUO

4.1

制作前的准备

　　如图 4-1 所示，这是一个典型的场景道具模型"熔炉"。在制作之前要仔细观察模型的结构和特征，仔细思考针对该模型用什么方式可快捷建模。

图 4-1 "熔炉"场景道具模型

　　制作模型前先要进行单位设定。对于"熔炉"这种建筑类模型，把单位设置为米即可。在菜单栏中选择"Customize"，在其下拉菜单中选择"Units Setup"单位设定，勾选"Metric"，在其下拉选项中选择"Meters"，然后在"System Unit Setup"系统单位设定中将单位也设置为"Meters"，如图 4-2 和图 4-3 所示。

　　贴图分辨率也要根据物体大小和贴图精细度要求进行相应的设定。同样是选择菜单栏中的"Customize"，然后单击"Preferences"首选项设置，在弹出的菜单中找到"Viewports"，然后单击下方的"Configure Driver"，在弹出的窗口中选择贴图大小，如图 4-4 所示，一般用 512×512 即可。

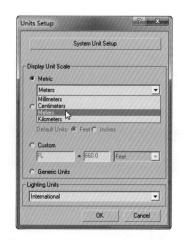

图 4-2 "Units Setup"单位设定　　　图 4-3 "System Unit Setup"单位设定　　　图 4-4 设定贴图分辨率

4.2

熔炉底部岩石制作

通过制作前的观察可以得知各个部位从什么基本形体入手最为方便，制作前多思考制作过程可以大大节省制作时间。下面先从底部开始做起。先建立一个"Box"，然后在右侧的工具栏中输入数值，调整至合适的大小，然后选择移动工具将底部的坐标位置都改为零，这样模型就定在网格中心位置了，如图 4-5 所示。

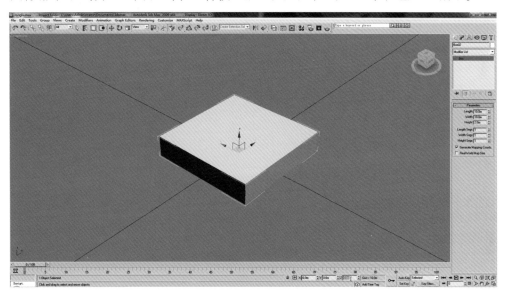

图 4-5　在网格中心位置定位模型

右键选择"Convert to Editable Poly"转换为可编辑多边形，即"塌陷"，如图 4-6 所示。

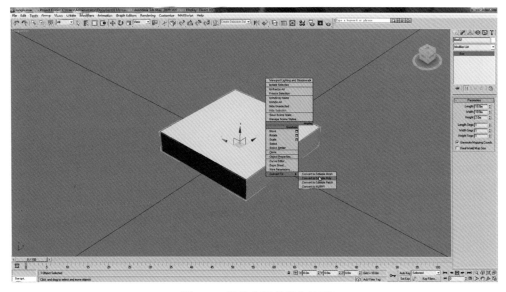

图 4-6　转换为可编辑多边形

从右边的工具栏进入面层级，选择立方体最上面的面，用缩放工具将其缩小。在移动、旋转或缩放时，一定要注意轴向的约束，如图4-7所示。最后选择底部看不到的面，将其删去。在制作模型的过程中经常会出现很多不必要的面，这些面要尽量删掉。

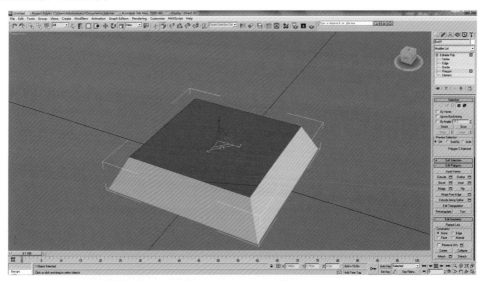

图4-7　移动、旋转或缩放时注意轴向的约束

4.3

熔炉炉体制作

炉体由方炉和圆顶两部分组成。方炉部分可以通过建立新的立方体与底部进行拼接来完成，这里介绍一种更简便快捷的方法。选择熔炉底部的顶面，在右侧的工具栏中找到"Inset"插入面命令。单击"Inset"右侧的小方框进行参数设定，勾选"Group"，设定参数将新面调整至合适的大小，如图4-8所示。

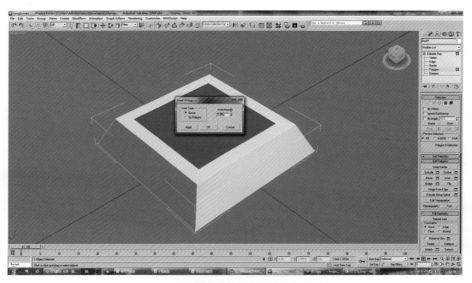

图4-8　调整熔炉底部的顶面的参数

找到"Extrude"挤出命令，将插入的面进行挤出，单击"Extrude"右侧的小方框，设定合适的高度，如图4-9所示。

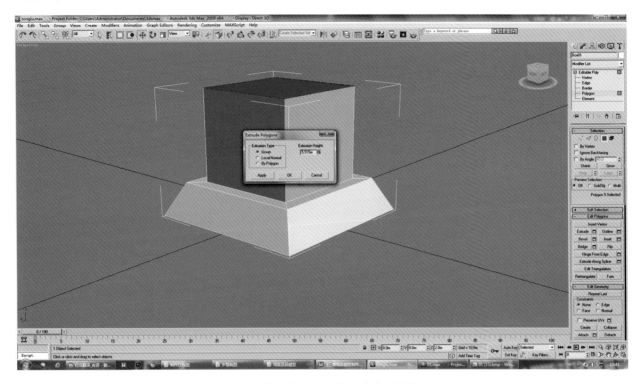

图 4-9   单击"Extrude"设定合适的高度

在线层级选中刚刚挤出的立方体中竖向的一根线。选中后单击右侧工具栏中的"Ring"，即可将与其相对的一圈环线都选中，而旁边的"loop"则是选择与其相连的一圈线，这些都是快速选择工具，效果要在今后的建模过程中慢慢领会。这样选择可以快速选择大量的线而不是一根根地去选择，省掉不必要的麻烦，如图4-10所示。

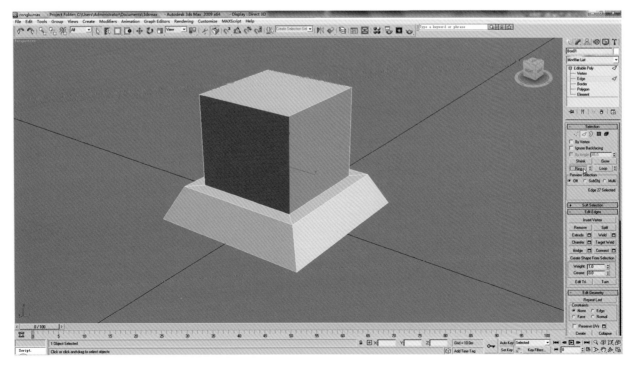

图 4-10   利用快速选择工具的效果

　　选中所有竖线之后在右侧工具栏中找到"Connect"，连接线段，单击右侧的小方框进行参数设定。根据模型的转折情况调整线的间距和位置。参数栏左侧的线段数量可以根据需要进行设定，如图4-11所示。

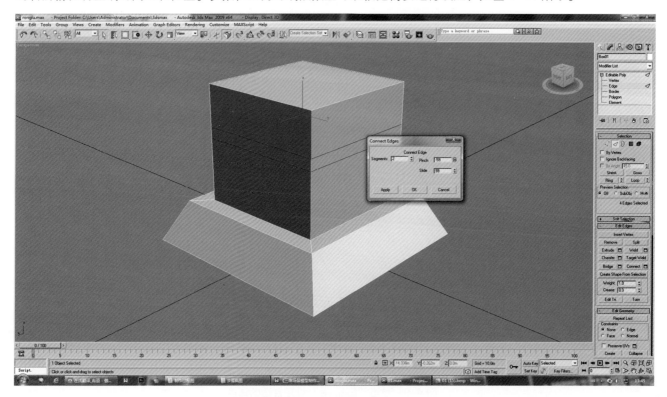

图4-11　设定线段数量

　　进入点层级，将各层的点进行X-Y轴向上的缩放。为了方便选择和观察，可以在前视图（快捷键F）方便地框选一个平面上的点，然后在顶视图（快捷键T）进行缩放，完成后的效果如图4-12所示。

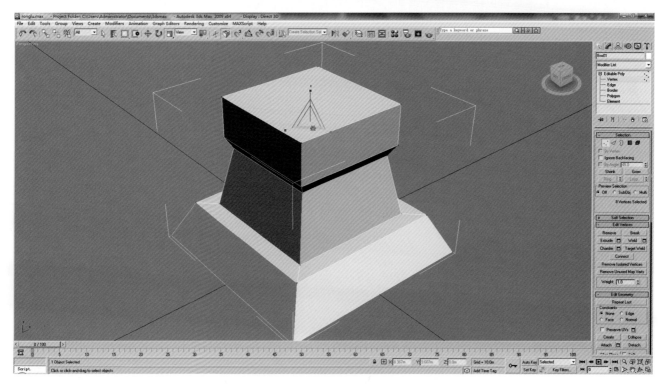

图4-12　顶视图缩放后的效果

4.4
熔炉圆顶制作

圆顶制作起来比较简单，可以建立圆柱体来完成顶部的制作。首先创建一个 "Cylinder"，在右边工具栏中设置半径、高度和分段数，如图 4-13 所示。

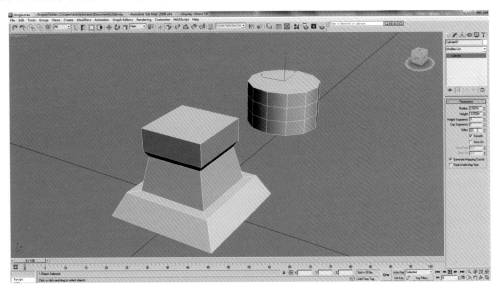

图 4-13　设置半径、高度和分段数

"塌陷"后删去底部的面，选择整个物体，用移动工具将其坐标轴 x 轴、y 轴归零。接着使用工具栏中的对齐工具将圆顶对齐到方炉上，如图 4-14 所示。

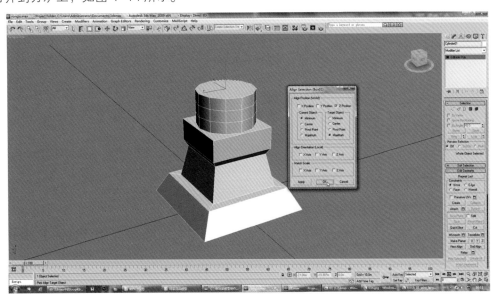

图 4-14　使用对齐工具将圆顶对齐到方炉上

用制作方炉部分的方法，上下移动和缩放各层的点，调整到合适的大小和高度，如图 4-15 所示。

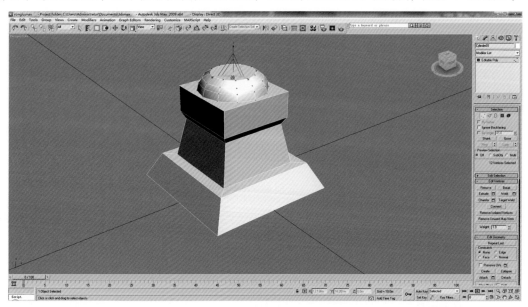

图 4-15 调整圆顶的大小和高度

4.5

熔炉细节制作

炉子四角有转折部分，可以在线层级选中炉子的其中一个角上的线，然后利用快速选择工具选中所有四个角上的线，接着单击右侧工具栏中的"Chamfer"倒角工具，单击右侧的小方框对参数进行设定，如图 4-16 所示。

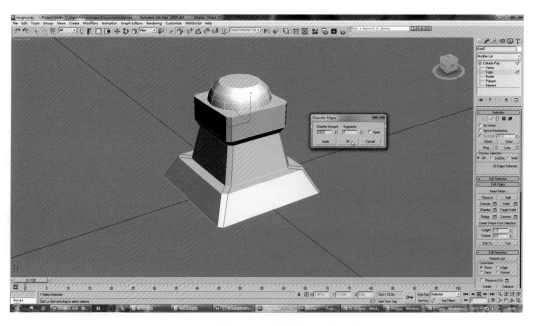

图 4-16 单击"Chamfer"右侧小方框设定参数

炉顶上方还有一排排的尖刺，由于它们的形状是一致的，因此只用先制作出其中一个，然后通过复制完成其他所有的。首先创建一个"Box"，在点层级选中顶面上的四个点，在右侧工具栏使用"Weld"焊接工具，通过对焊接范围的调整将这几个点焊接为一个点，如图 4-17 所示。也可以使用目标焊接命令逐个把它们焊接到一起。

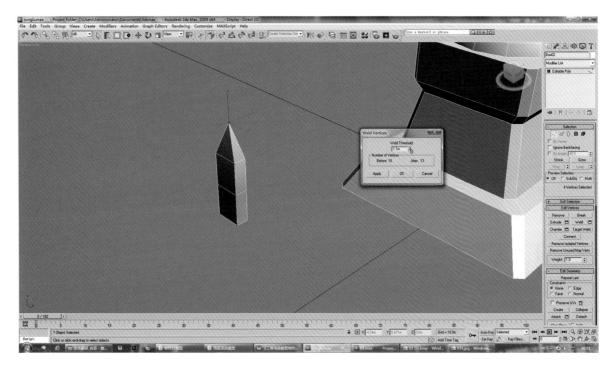

图 4-17　将几个点焊接为一个点

焊接完成后，进入点层级调整形状，然后进入面层级删去底部的面，并与炉子的顶部进行对齐。接着在移动工具状态下按住 Shift 键的同时拖动物体可将其复制，如图 4-18 所示。放开鼠标后会弹出一个窗口，在窗口中进行数量和复制类型设定，如图 4-19 所示，这样就可以得到一排尖刺。

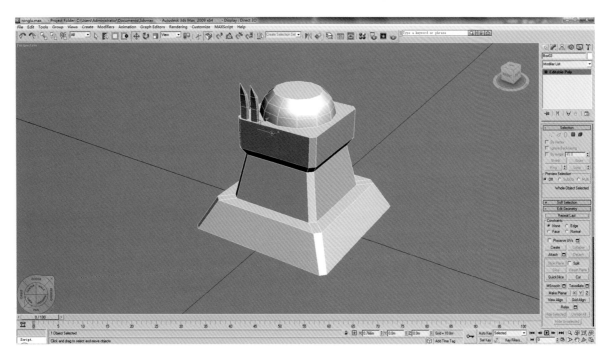

图 4-18　复制物体

　　复制出一排尖刺之后，选中这排尖刺，利用 Shift 键 + 旋转，旋转 90 度可以得出另一排的尖刺。角度捕捉的快捷键是 A 键。可以在工具栏中的  上单击右键，设置旋转度数，如图 4-20 所示。

图 4-19　设定数量和复制类型　　　　图 4-20　设置旋转度数

　　为了使每排尖刺与中心对齐，可以使用多维捕捉工具，快捷键为 S 键。与角度捕捉一样，右键单击该按钮可对捕捉选项进行设置，如图 4-21 所示。

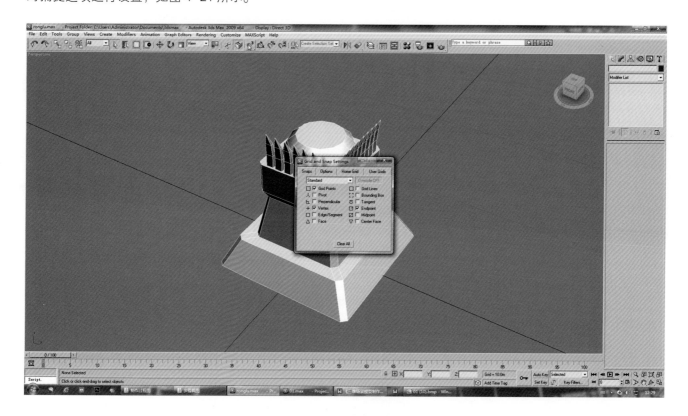

图 4-21　设置捕捉选项

　　首先选中其中一排尖刺，单击移动工具，然后在顶视图中约束要移动的轴向，接着开启约束工具，单击最中间的一个尖刺的顶点，然后按住鼠标不要放开并慢慢向上拖动到中心点上，这时可以看到选中的物体朝约束的轴向移动并对齐到了中心点，这时就可以放开鼠标了，如图 4-22 所示。捕捉工具在建模过程中应用非常广泛，要多体会不同的选项带来的效果。

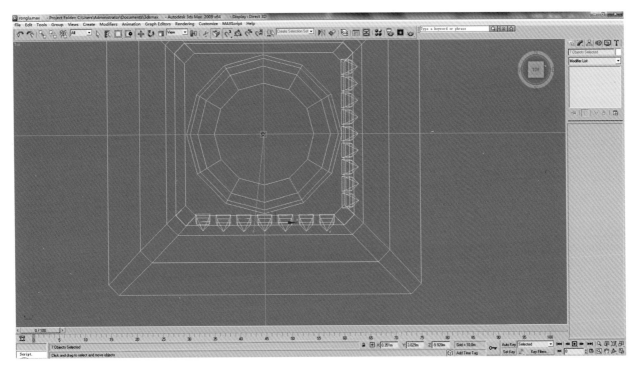

图 4-22　利用约束工具建模

用同样的方法，将另一排尖刺对齐到中心点，然后使用镜像工具，分别镜像复制这两排尖刺，如图 4-23 所示。

图 4-23　镜像复制尖刺

　　圆顶上的尖刺比炉子上的要长一些，可以复制炉子上的尖刺，将其移动到圆顶上，然后进入点层级，将其拉长并对齐到圆顶上面。调整好位置后可以利用这一个尖刺一次性复制出一圈的尖刺。首先选中这根尖刺，在右侧工具栏中调整坐标轴。选中 "Affect Pivot Only"（仅影响轴），用捕捉工具在顶视图中将坐标轴移动到中心位置，如图 4-24 所示。

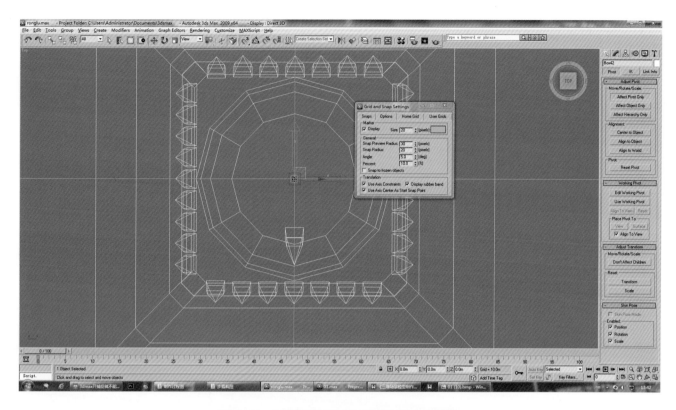

图 4-24　用捕捉工具将坐标轴移动到中心位置

　　移动完成后再次单击 "Affect Pivot Only"，即可保存对坐标轴的改动。最后使用旋转工具，按住 Shift 键并开启角度捕捉进行旋转复制，可以将剩下的 7 根尖刺一次性复制出来，如图 4-25 所示。

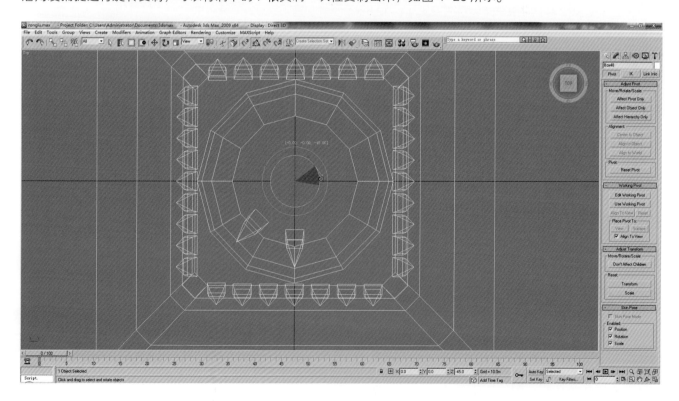

图 4-25　复制剩下的尖刺

尖刺周围还有一些圆环，可以直接创建基本形体"Tube"，然后选择移动工具，将 x 坐标轴、y 坐标轴都归零，接着利用对齐工具将圆环对齐到圆顶上。塌陷后再对圆环进行复制，如图 4-26 所示。

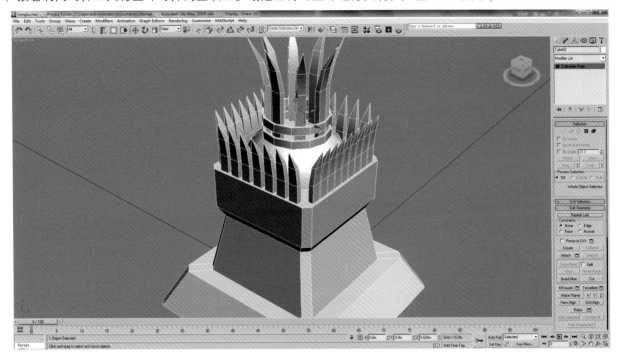

图 4-26　塌陷后再对圆环进行复制

最后就剩下顶部的方盒和炉子上的通风口了。对顶部的方盒可以直接创建一个"Box"，调整好大小之后将"Box"塌陷，然后利用旋转工具和移动工具将方盒放到炉子顶上。而对炉子上的通风口也可以创建"Box"，不过对四个角要使用一次"Chamfer"。

完成所有部分的建模后，选中这些模型，其中一个是坐标轴与网格坐标一致的模型，在右边工具栏中找到"Attach"合并，单击右侧的小方框，在弹出的对话框中根据模型名字将所有模型进行合并，如图 4-27 所示。

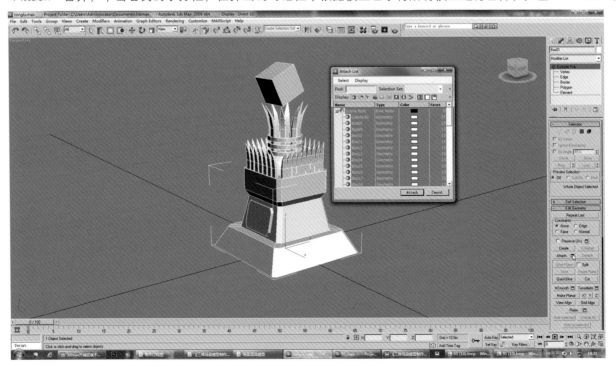

图 4-27　合并模型

4.6
熔炉 UV 展开与贴图赋予

模型合并完成后选中整个模型，然后按快捷键 M 键打开材质球编辑器，单击"Diffuse"漫反射选项右侧的小方框，在弹出的对话框中选择"Checker"棋盘格，如图 4-28 所示。

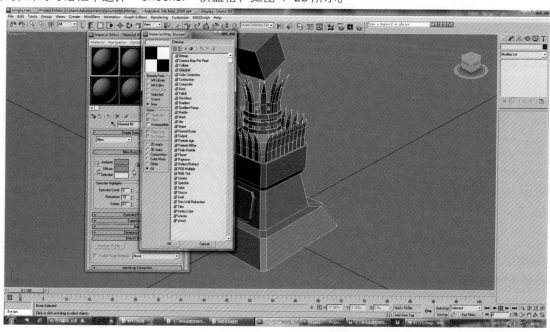

图 4-28　选择"Checker"棋盘格

选择后将参数"Tiling"重复度数值调高，然后选择做好的模型，单击 📊 赋予模型并勾选 🟦 显示贴图，如图 4-29 所示。这样设置是为了在后面展开 UV 的过程中可以直观地表现 UV 的分布情况，出现问题可以及时发现并修改。

图 4-29　单击赋予模型并勾选显示贴图

完成赋予后模型上出现了密密麻麻的黑白格，这时就可以关闭材质球编辑器了。接着在右侧工具栏上方的编辑器栏中输入"U"，搜索到"Unwrap UVW"并单击，这样就给模型附加了一个"UVW 展开"修改器，如图 4-30 所示。

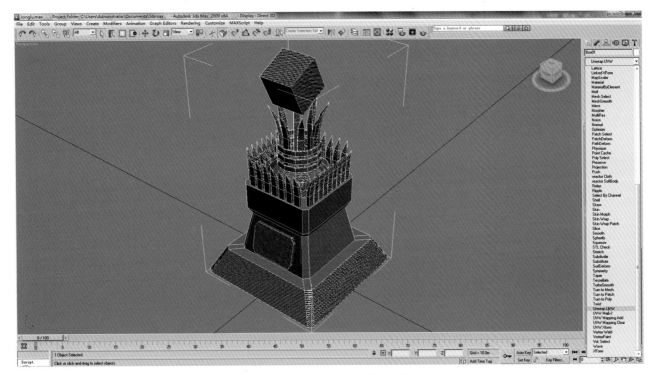

图 4-30 "UVW 展开"修改器

此时模型边缘变成绿色，即说明修改器添加完成。接下来在修改器选项中找到"Edit"并单击，进入 UV 展开编辑界面，如图 4-31 所示。

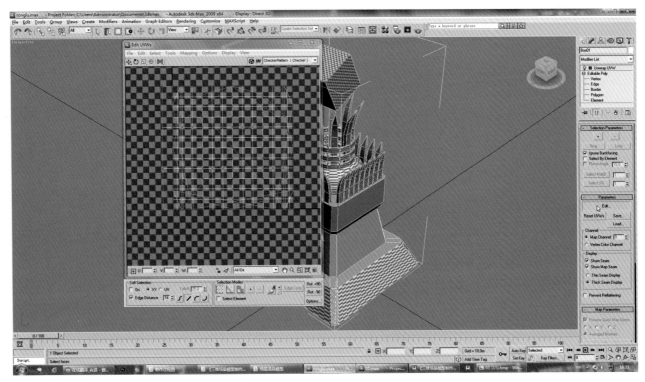

图 4-31 进入 UV 展开编辑界面

在展开 UV 界面下方的 "Selection Modes" 一栏中单击 面层级，在模型中选中要展开的一部分面，然后在 UV 展开编辑界面中右键单击选中的这一部分面，在弹出的选项栏中单击 "Break"（打散命令）将这一部分从整个 UV 中分离出来，如图 4-32 所示。

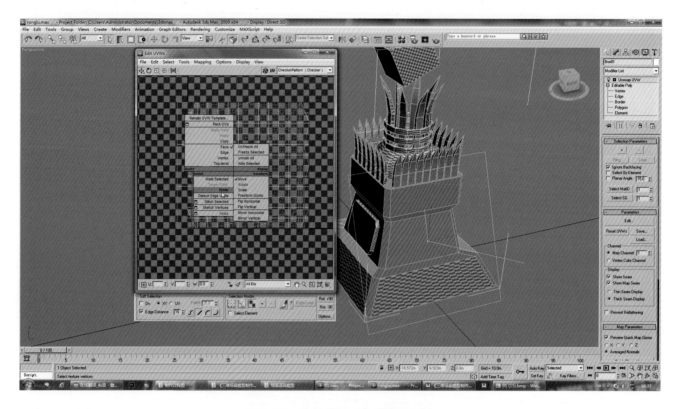

图 4-32 单击 "Break" 分离部分面

继续右键打开选项栏，单击 "Relax" 松弛左边的小方框，进入松弛设置界面，在弹出的设置栏中选择面松弛，再单击 "Start Relax" 开始松弛，将这些选中的面的 UV 还原到模型的形状，如图 4-33 所示。

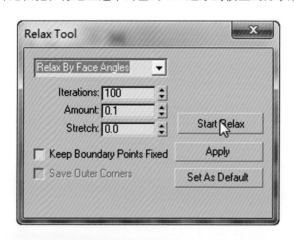

图 4-33 点击 "Start Relax" 开始松弛

利用移动、旋转等工具将松弛好的 UV 紧凑地排列到蓝色方框里，最终结果如图 4-34 所示。

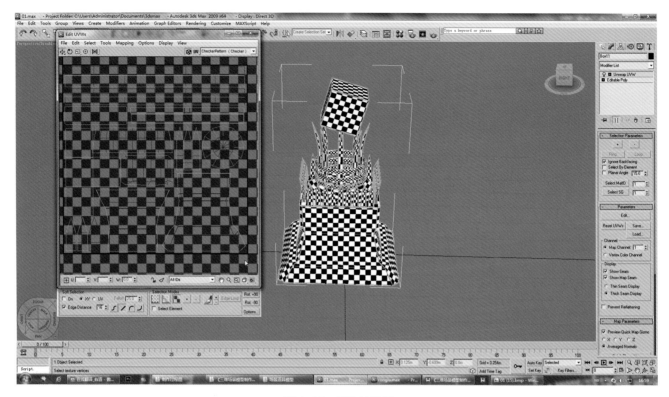

图 4-34　最终结果图

　　完成所有 UV 的排布后可以将 UV 图导出，找到 UV 界面上的"Tools"工具选项，下面有"Render UVs"渲染 UV，如图 4-35 所示。使用该渲染命令，设置 UV 贴图尺寸，渲染出 UV 图，将渲染出的 UV 图像保存，以便在 Photoshop 中依照其完成贴图的绘制。

图 4-35　利用"Render UVs"渲染 UV

　　最后将绘制好的贴图按照图 4-28 所示的方法，在选择贴图类型的时候双击选择"Bitmap"位图，然后在弹出的文件浏览器中找到绘制好的贴图文件赋予模型并显示，该模型的制作过程至此全部完成。

第 5 章

室内场景模型实例制作
SHINEI CHANGJING MOXING SHILI ZHIZUO

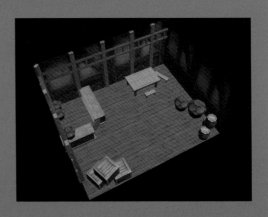

5.1

制作前的准备

如图 5-1 所示，这是一个酒馆室内场景模型，酒馆里面有柜台、桌椅、酒坛，还有箱子等各种各样的杂物，墙上也有房梁和立柱。

图 5-1 酒馆室内场景模型

对于这样一个室内场景模型，看似东西很多制作起来很复杂，但是通过建立一个个小物体如同搭积木一样对其进行拼凑就可以方便快捷地完成制作。因此，制作前一定要理清头绪，充分观察整个场景中的每种类型的物体，哪些可以整体建模，哪些可以通过多个基本形体拼凑，不要一味地追求整体建模。另外，还要注意的就是建模过程要适当地为之后赋予贴图做铺垫，通过对模型的细微修改，也许仅仅只是加一根线，都可以大大简化贴图的制作过程。

5.2

酒馆墙壁制作

首先是单位设定及贴图大小等的设置。3ds Max 会自动保存上一次的设定，这次继续用米做基本单位，贴图大小继续用 512×512，如果上一次退出 3ds Max 时用的就是这些设置，就不必再对其修改。

首先从酒馆的外墙下手，这样做有一个好处：先把整个模型的范围确定下来后再去添加物体就不容易出现比例和大小上的问题，而且在有限的空间内摆放这些杂物更简单明了。

　　由于这是一个室内场景模型，所以建立墙面时不必考虑墙的厚度以及墙外部的贴图，可以直接建立一个"Box"作为外墙，如图 5-2 所示。建立一个"Box"，然后调整大小，塌陷后删去顶部的面，留下的面作为四面的墙和地板。为了使墙和地板的贴图在"Box"内部的面上显示，还需要对这些面进行法线翻转。首先在面层级选中所有的面，然后单击命令面板下的"Flip"（翻转法线），这时这些面的颜色发生了变化，就说明它们的法线已经成功翻转了。这个步骤就像把照片翻面一样，让赋予在这些面上的贴图显示到背面。在制作复杂模型的过程中有时会出现显示成黑色的面，这时就很有可能是法线反了，只需要使用这个命令将法线翻转过来就能够正常显示了，翻转命令可以对一个面重复使用。

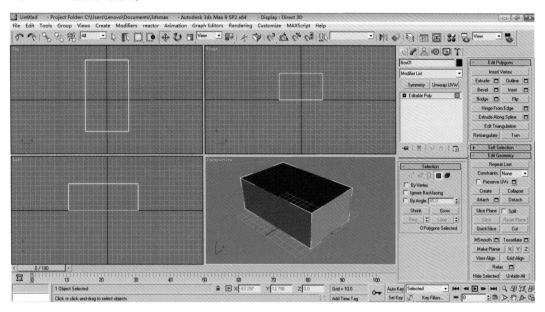

图 5-2　酒馆制作步骤 1

　　接下来制作横梁和立柱，有了墙的对照，建立横梁和立柱就很简单了。首先对照墙的长度，建立一个"Box"，将长度参数设定为与墙等长，塌陷后进入点层级，修改横梁的粗细。调整好大小后退出点层级，利用对齐工具让横梁紧贴着墙面，最后使用 Shift 键加移动工具进行复制，如图 5-3 所示。

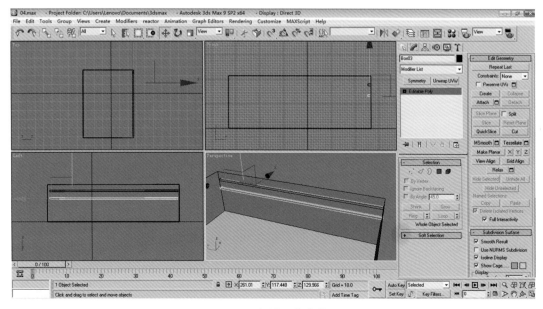

图 5-3　酒馆制作步骤 2

　　另一面墙上的横梁也是用同样的方法完成的。接下来要给模型开个口，用作酒馆的门。选中围墙模型，然后进入线层级，选中侧面墙的上、下两条边，利用"Connect"连接命令在中间添加线条，线条数量设置为2，然后逐步调整间距和位置，如图5-4所示。

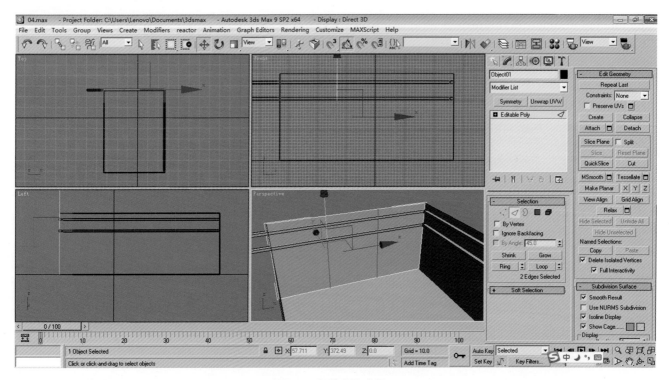

图5-4　酒馆制作步骤3

　　接着在新添加的连线间继续添加线条，选中它们后使用"Connect"连接命令在两线之间再添加一根线来表示门的高度，如图5-5所示。

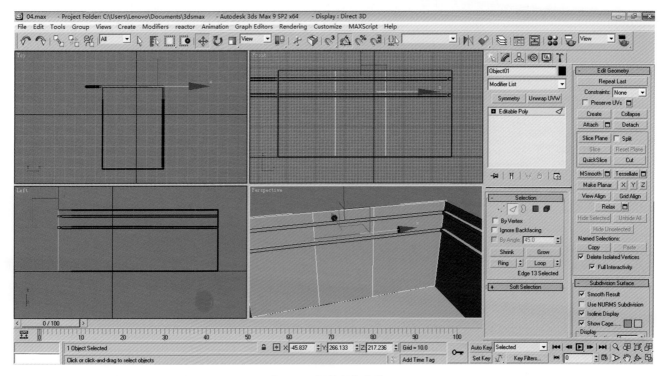

图5-5　酒馆制作步骤4

连接完成后我们再进入面层级将勾勒出的面删去，如图 5-6 所示。这样就"挖"出了一个门，为了使这扇门看起来不那么突兀，可以在添加立柱的同时将立柱放置在门的两侧当作门框。

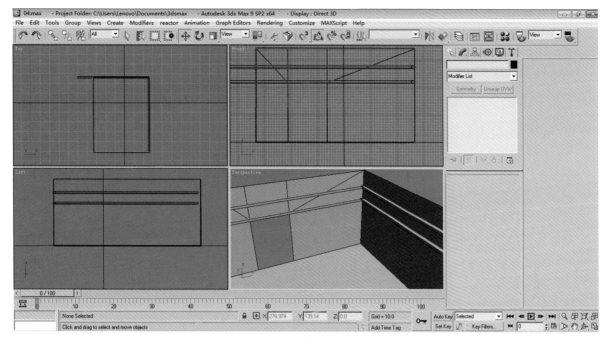

图 5-6　酒馆制作步骤 5

接下来为酒馆添加一些立柱，首先在门的一侧建立一个"Box"，调整高度参数使之与墙壁高度相等。调整好高度后将"Box"塌陷并进入点层级对立柱的粗细进行调整，然后利用对齐工具将立柱对齐到门的一侧。最后选中这个立柱，按住 Shift 键的同时进行移动，复制出另一个立柱并对齐到门的另一侧，如图 5-7 所示。酒馆内的所有立柱大小相同，只需要对这两个立柱进行复制即可。

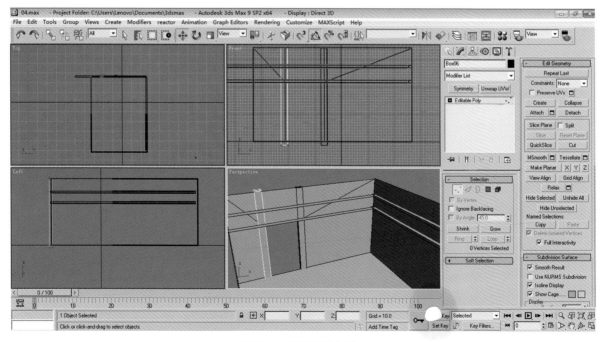

图 5-7　酒馆制作步骤 6

最后还剩下横梁之间的一些小立柱，复制一个之前制作好的大立柱，然后将立柱移动到横梁之间，并调整大小，如图 5-8 所示。

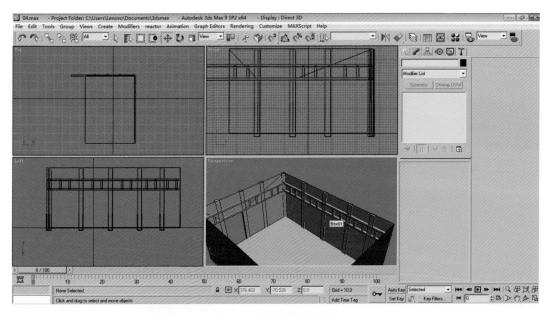

图 5-8　酒馆制作步骤 7

5.3
酒馆内杂物制作

先从大物件开始下手，这样后面制作小物件的时候方便进行对照。先从制作柜台开始，首先建立一个"Box"，塌陷后进入点层级，将其调整至台面大小，接着用 Shift 键 + 移动工具将台面向下复制两个，用缩放工具分别对复制出的部分的大小和高度进行调整，最后使用对齐工具将它们上下对齐，拼凑出整个柜台，如图 5-9 和图 5-10 所示。

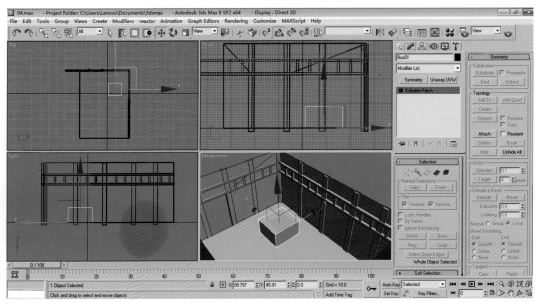

图 5-9　酒馆制作步骤 8

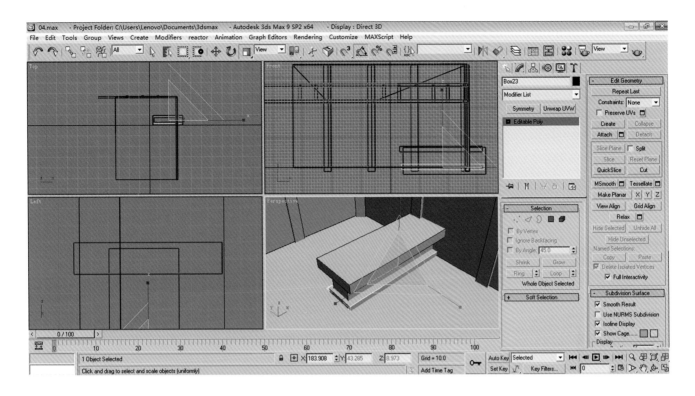

图 5-10　酒馆制作步骤 9

　　另一侧的柜台样式是相同的，只不过要短一点，可以将之前做好的柜台整体选中，按住 Shift 键 + 旋转工具旋转 90 度并复制。然后利用缩放工具约束轴向整体缩短长度，接着使用对齐工具对齐到墙上。而柜台的门可以直接创建 "Box"、塌陷后调整大小、旋转并摆放到合适的位置即可，如图 5-11 所示。

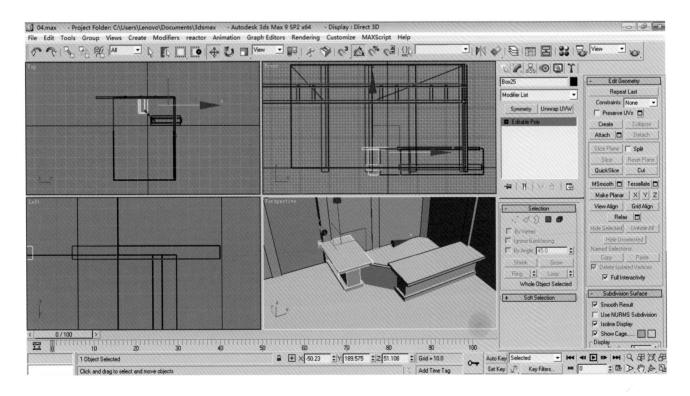

图 5-11　酒馆制作步骤 10

下一步制作桌子，有了之前的制作经验，只需要两个步骤就可以轻松完成桌子的制作。首先创建一个"Box"，为了后面方便赋予贴图，我们在创建时要对这个"Box"进行分段，塌陷后进入点层级，调整大小，如图5-12所示。

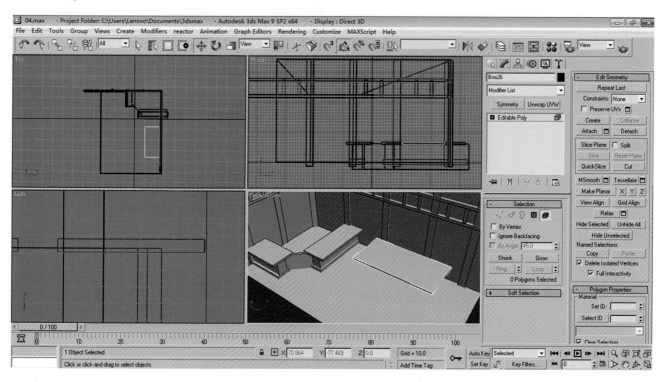

图 5-12　酒馆制作步骤 11

接着创建另一个"Box"，塌陷后调整至桌腿大小并与桌面底部对齐。然后选中这个桌腿，按住 Shift 键 + 移动工具进行多次复制得到其他的 3 个桌腿，如图 5-13 所示。最后选中整个桌子用对齐工具对齐到地板上。

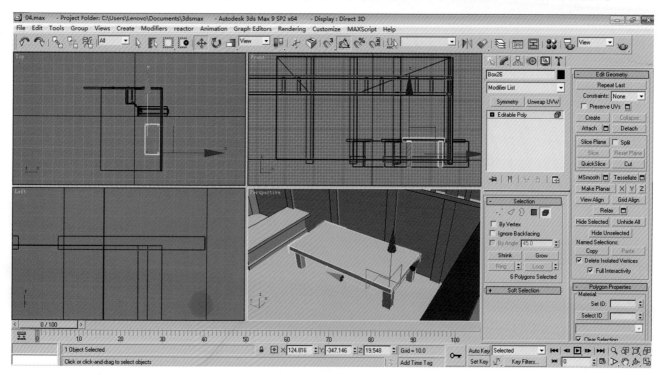

图 5-13　酒馆制作步骤 12

桌边还有两条长凳，长凳的结构和桌子一样，只是看上去小一点而已，只需要选中整个桌子将其复制，然后将复制出来的部分进行缩放就能得到长凳，如图 5-14 所示。在制作模型的过程中要多找一些有共同点的地方，大量复制配以少量修改，方便快捷，从而避免不必要的重复制作过程。

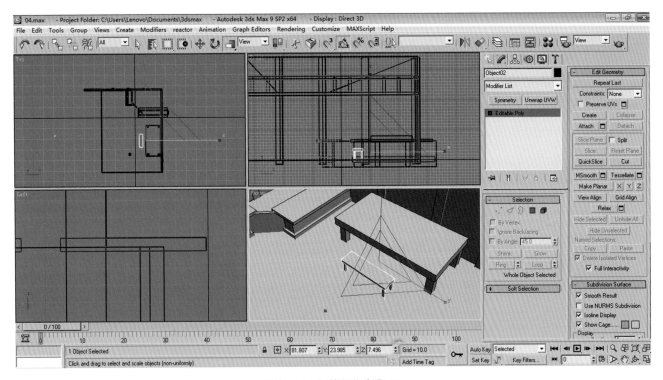

图 5-14 酒馆制作步骤 13

接下来制作墙角摆放的箱子，只需要创建一个"Box"，塌陷后调整大小，然后复制出另外几个，摆放位置时要注意用对齐工具让箱子底部紧贴地面，摞在上面的箱子也要与下面的箱子对齐，如图 5-15 所示。

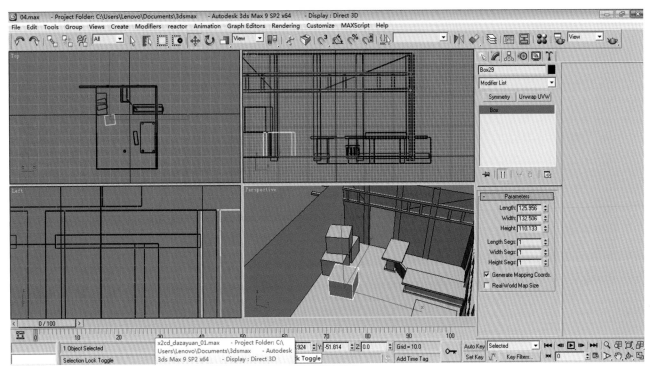

图 5-15 酒馆制作步骤 14

制作酒坛和木桶。首先要仔细观察它们的形态特征，它们都可以通过创建圆柱体分段后进行变形获得。创建一个 "Cylinder"（圆柱体），在右侧的参数栏里设置高度和大小，然后根据之前的观察结果给予适当的分段，以便对外形进行调整，如图 5-16 所示。

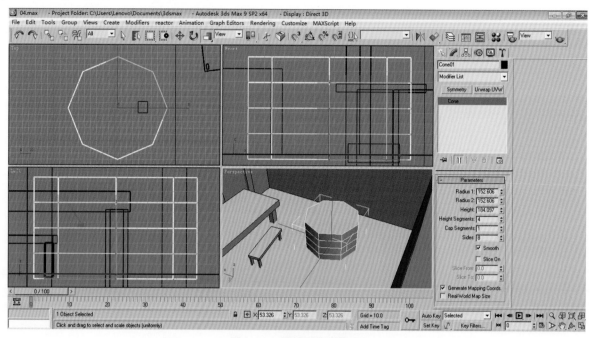

图 5-16　酒馆制作步骤 15

如图 5-17 所示，调整好各项参数后对模型进行塌陷，在线层级约束 x 轴、y 轴，依照木桶的形状分别缩放各层的线，在点层级缩放各层的点也可以达到同样的效果。缩放完成后再利用移动工具对各层的线的高度进行细微调整，这样一层层地将木桶的转折表示出来。

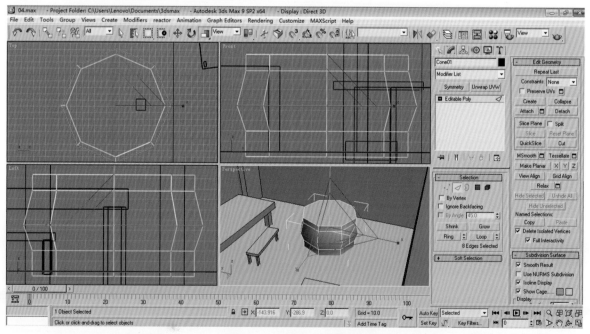

图 5-17　酒馆制作步骤 16

最后制作酒坛，依照木桶的制作方法，创建 "Cylinder"（圆柱体）并做出不同的调整即可，如图 5-18 所示。然后就可以利用这些制作好的物体，复制出酒馆里所有的酒坛和木桶，适当地对个别酒坛或木桶进行缩放，让它们有大小的变化。

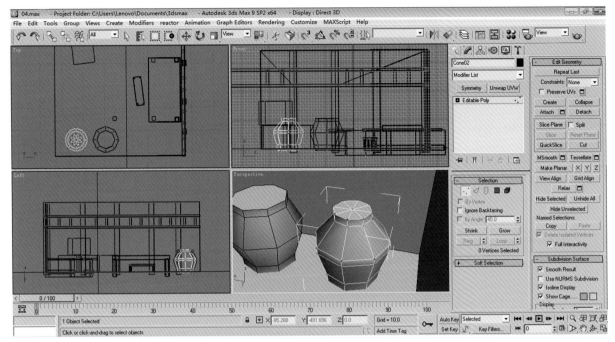

图 5-18　酒馆制作步骤 17

5.4
酒馆 UV 展开及贴图赋予

　　模型建立完成后需要使用附加命令对模型进行合并，由于这次模型的种类比较多，贴图类型也相对比较复杂，可以用多张贴图进行赋予，将物体按不同的贴图类型进行合并。

　　如图 5-19 所示，把箱子、木桶和酒坛附加在一起，给它们附加一个 UV 展开，将 UV 紧密排布导出后绘制出排布紧密、节省空间的贴图。

　　图 5-20 所示是地板的贴图，这是一张无缝贴图，这种贴图复制后可以近乎完美地拼凑在一起。只需要对地板的 UV 整体放大，然后直接给地板赋予这张贴图即可，如图 5-21 所示。

图 5-19　酒馆制作步骤 18

图 5-20　酒馆制作步骤 19

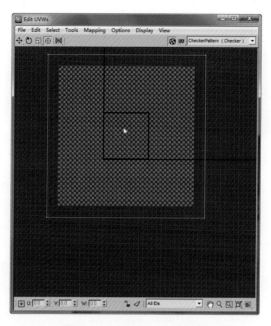

图 5-21　酒馆制作步骤 20

　　如图 5-22 所示，这是前面建模过程中提到过的桌面。建模时对桌面进行分割之后，只需要绘制桌子贴图的四分之一，然后在 UV 展开中将这四个面分别旋转并叠加到这四分之一的贴图上。如果建模时没有进行分割，就需要将这四分之一的贴图拼凑成整个桌子，这样做会消耗大量的贴图空间，也不能达到更好的效果。所以，制作模型的过程中要多为后面的步骤考虑，养成节省贴图空间、删去多余部分的好习惯。

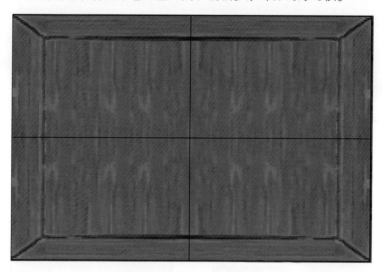

图 5-22　酒馆制作步骤 21

第 6 章

室外场景模型实例制作

SHIWAI CHANGJING MOXING SHILI ZHIZUO

6.1

制作前的注意事项

在制作室外场景之前，必须准备原画，应根据原画中场景进行制作，并注意以下三点。

（1）不能过分强调细节。

一般来说，模型的细节是影响其逼真程度的重要因素之一。细节越精细，模型越逼真。但是，在建模的过程中还需要考虑整个系统的综合性能，需要考虑场景数据库整体结构的优化设计。

（2）存在多余的多边形。

模型中存在多余的不必要的多边形是一种常见的现象。大型三维场景制作的一个基本原则就是使用最少的多边形获取相同的真实感。虽然纹理映射可以大幅降低场景的复杂程度，但是所表现的实体细节就会缺乏真实感，所以要将模型的细节与纹理映射合理地结合使用。

（3）模型拼接组合的位置关系不正确。

在建模过程中，经常会出现拼接组合的位置关系不正确的问题，这个问题会导致虚拟现实系统中模型局部闪烁现象，要避免这种现象的发生。

6.2

制作前的准备

如图6-1所示，在制作前需仔细观察模型的结构和特征，并思考该场景模型分哪些部分进行建模能又快又好地达到效果。

图6-1　茅草屋场景模型

在制作模型前先要进行单位设定，对于场景模型，把单位设置为"米"即可。在菜单栏中选择"Cus-tomize"，在其下拉菜单中选择"Units Setup"，在弹出的对话框中进行单位设定，勾选"Metric"，在其下拉选项中选择"Meters"，然后在"System Unit Setup"系统单位设定中将单位设置为"Miles"，如图 6-2 和图 6-3 所示。

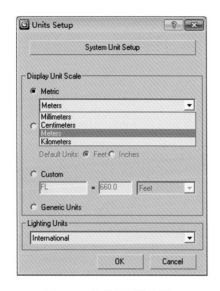 

图 6-2　茅草屋制作步骤 1　　　　图 6-3　茅草屋制作步骤 2

设定贴图分辨率，根据物体大小和贴图精细度要求进行相应的设定。同样是选择"Customize"，然后单击"Preferences"首选项设置，在弹出的菜单中找到"Viewports"，然后单击下方的"Configure Driver"，在弹出的窗口中选择贴图大小，如图 6-4 所示。

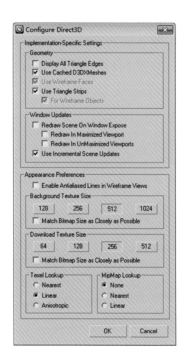

图 6-4　茅草屋制作步骤 3

6.3

场景模型主体制作

新建一个"Box01"，使用快捷键 R 将"Box01"调整至合适大小，如图 6-5 所示。

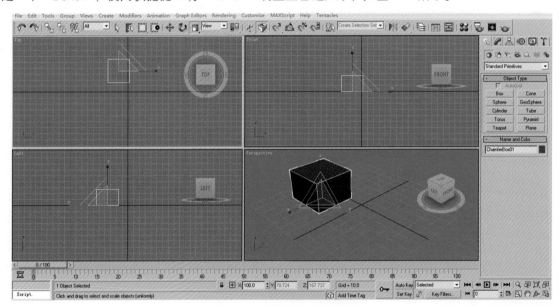

图 6-5　茅草屋制作步骤 4

右键选择"Convert to Editable Poly"（转换为可编辑多边形）。这一步又叫作"塌陷"，可以将之前对模型做过的修改全部合并，每完成一个部分的制作都要将其"塌陷"。如图 6-6 所示。

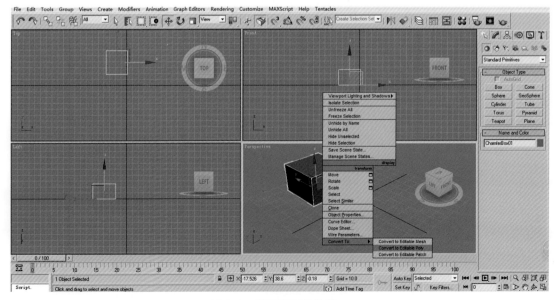

图 6-6　茅草屋制作步骤 5

　　在右边的工具栏中选择面层级，如图 6-7 所示，并将顶面删除，如图 6-8 所示，再选择底部看不到的面将其删去。在制作模型过程中会有很多不必要的面，要尽量删掉。

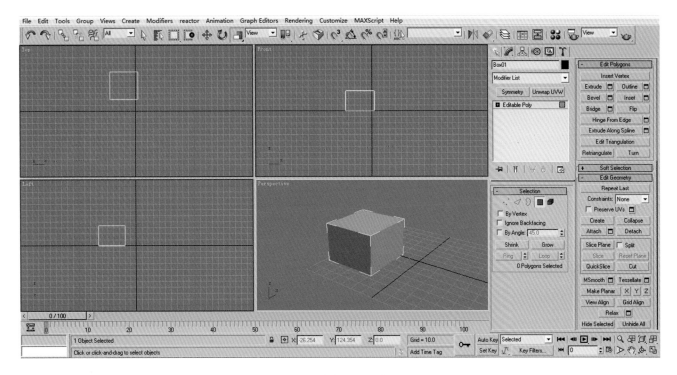

图 6-7　茅草屋制作步骤 6

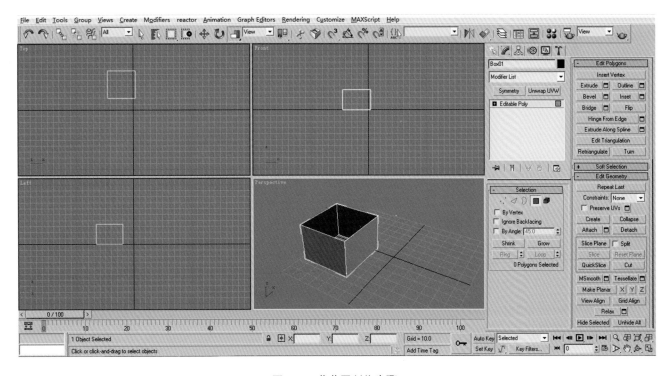

图 6-8　茅草屋制作步骤 7

进入线层级，如图6-9所示，利用快捷键"Alt+C"为模型加线。再进入点层级，如图6-10所示，拉出房子形状。

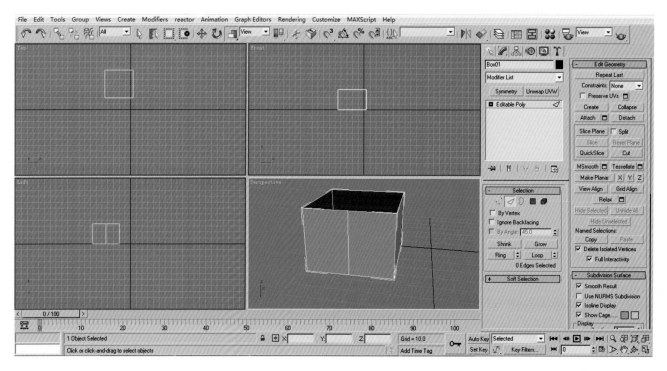

图6-9　茅草屋制作步骤8

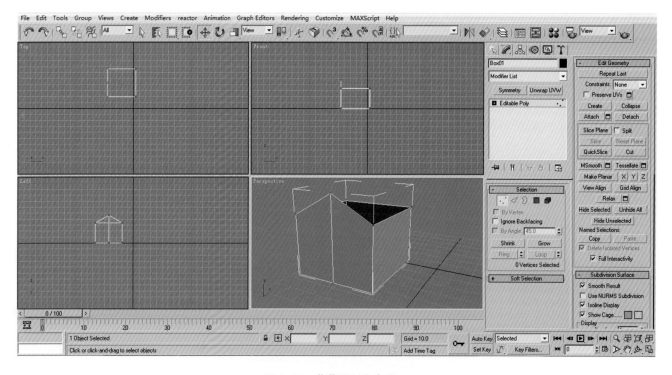

图6-10　茅草屋制作步骤9

进入面层级，为房子制作窗户。在右侧的工具栏中找到"Inset"（插入命令）。单击"Inset"右侧的正方形按钮进行参数设定，勾选"Group"，设定参数，调整至合适的大小，如图 6-11 所示。

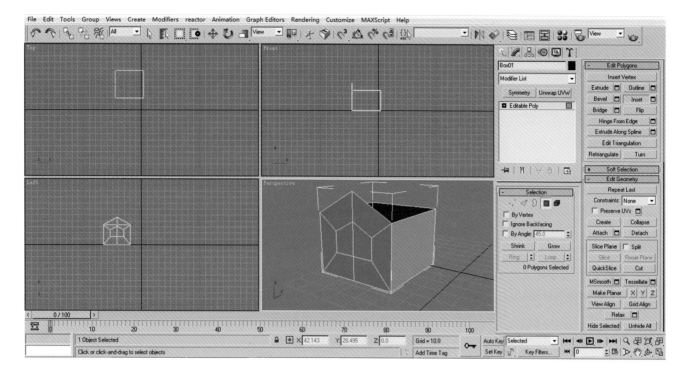

图 6-11　茅草屋制作步骤 10

进入线层级，调整窗户的点，如图 6-12 所示。再进入面层级，在右侧的工具栏中找到"Extrude"挤出命令。勾选"Group"，设定参数，调整至合适的大小，如图 6-13 所示。

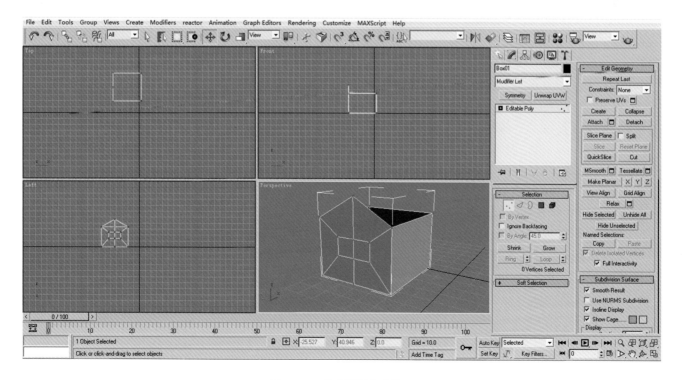

图 6-12　茅草屋制作步骤 11

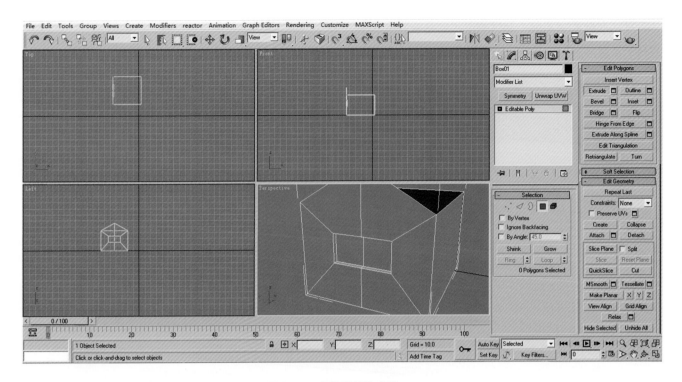

图 6-13　茅草屋制作步骤 12

　　在"Box01"的侧面，用同样的方式为"Box01"的右侧加线，进行"Inset"插入命令，并调整至合适的大小，如图 6-14 所示。进入面层级，删除多余的面，如图 6-15 所示。

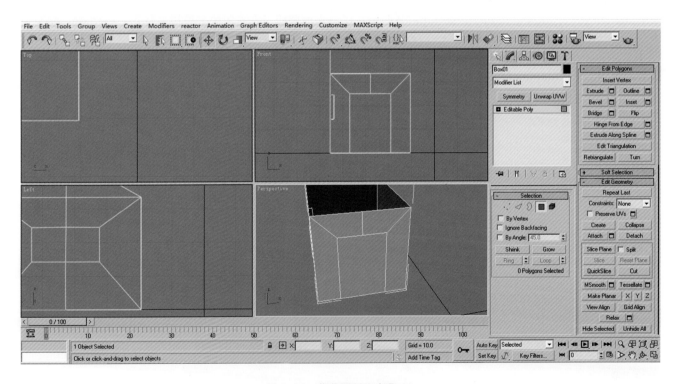

图 6-14　茅草屋制作步骤 13

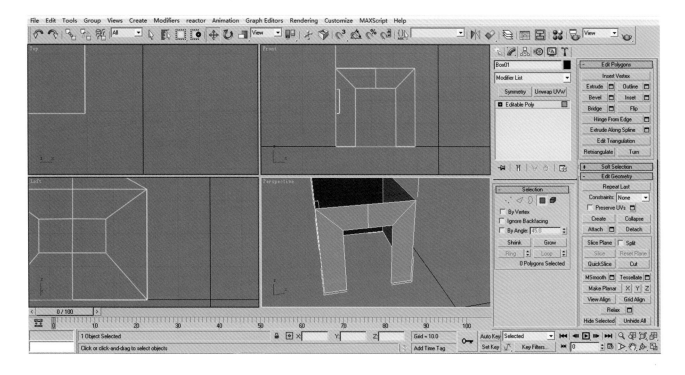

图 6-15　茅草屋制作步骤 14

再新建一个稍大的 "Box02"，重复图 6-5 至图 6-13 的步骤，在 "Box02" 右侧加线，如图 6-16 所示。

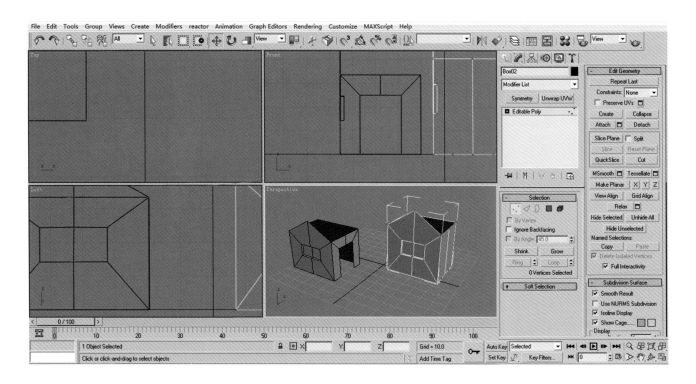

图 6-16　茅草屋制作步骤 15

　　单击"Box02"，进入面层级，在右侧的工具栏中找到"Extrude"挤出命令。勾选"Group"，设定参数，调整至合适的大小，如图 6-17 所示。调整好"Box01"与"Box02"的位置比例关系，如图 6-18 所示。

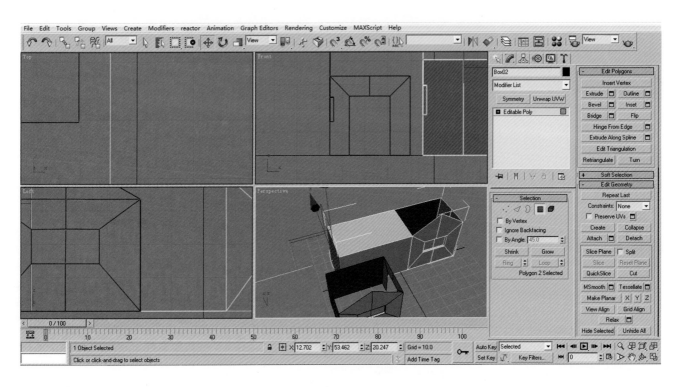

图 6-17　茅草屋制作步骤 16

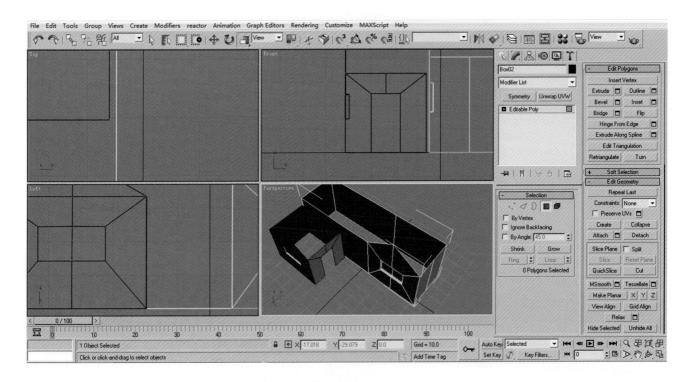

图 6-18　茅草屋制作步骤 17

6.4

场景细节制作

先对"Box01"进行细节制作。首先制作窗檐，新建一个"Box"，移动至之前制作的"Box01"窗户处，按快捷键 R 键将"Box"调整至合适尺寸，如图 6-19 所示。尺寸调整好后，按快捷键 E 键进行旋转，并调整位置，如图 6-20 所示。

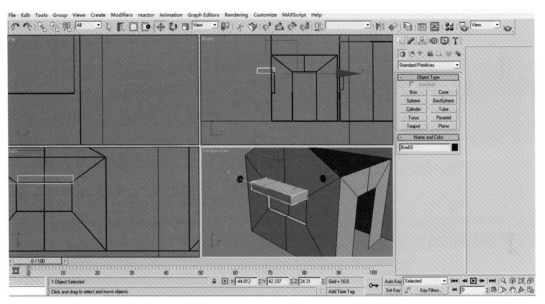

图 6-19　茅草屋制作步骤 18

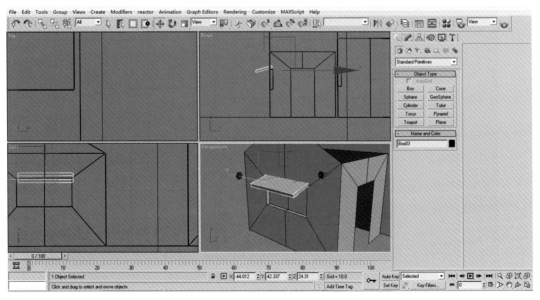

图 6-20　茅草屋制作步骤 19

　　给窗檐加线，首先右键选择 "Convert to Editable Poly"（转换为可编辑多边形）。进入线层级，利用快捷键 "Alt+C" 给窗檐左边加线，并进入点层级调整点的位置，让它看起来不是一块平整的木板，如图 6-21 所示。

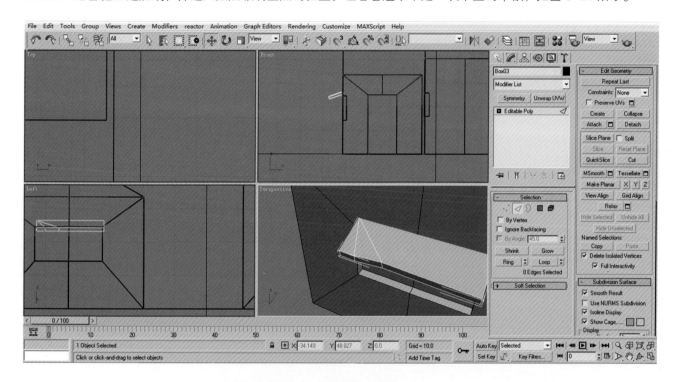

图 6-21　茅草屋制作步骤 20

　　在窗檐右边进行同样操作，按快捷键 "Alt+C" 加线，如图 6-22 所示。再进入面层级，选取所要挤压的面，在右侧的工具栏中找到 "Extrude" 挤出命令。勾选 "Group"，设定参数，调整至合适的大小，如图 6-23 所示。为了让屋檐层次更加丰富，后续效果更好，可继续为其加线，并进入点层级，对形状进行微调，如图 6-24 所示。

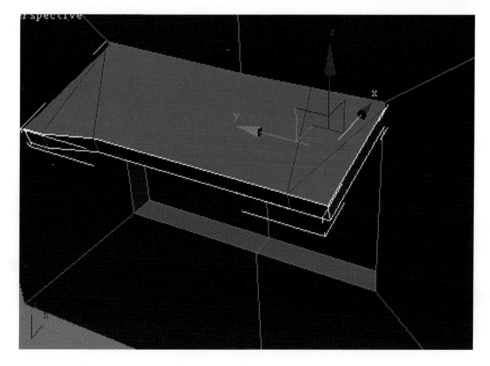

图 6-22　茅草屋制作步骤 21

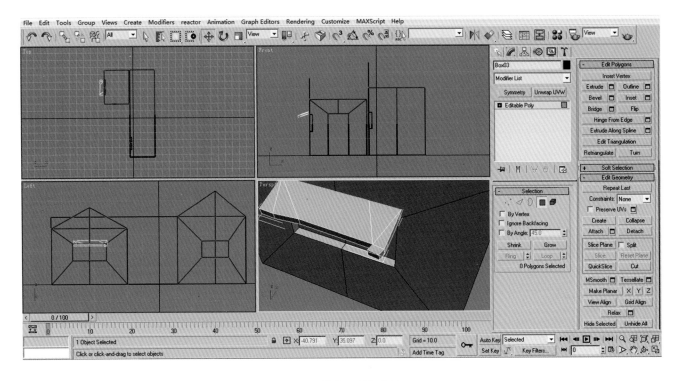

图 6-23　茅草屋制作步骤 22

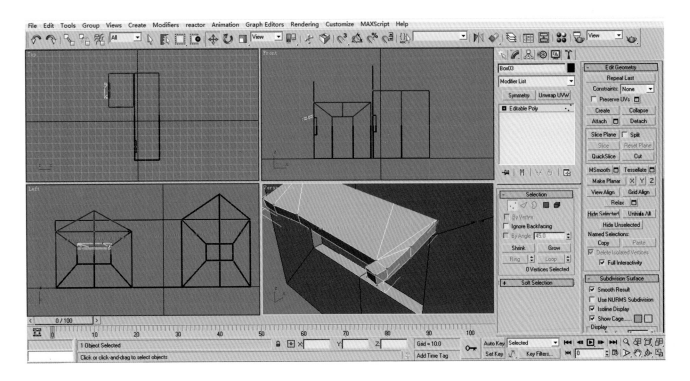

图 6-24　茅草屋制作步骤 23

再对该房屋其他部分进行细化，新建 "Box04"，按快捷键 R 键调整尺寸，右键选择 "Convert to Editable Poly"（转换为可编辑多边形），进入点层级，让整个 "Box04" 的尺寸不宽于 "Box01" 的尺寸，如图 6-25 所示。

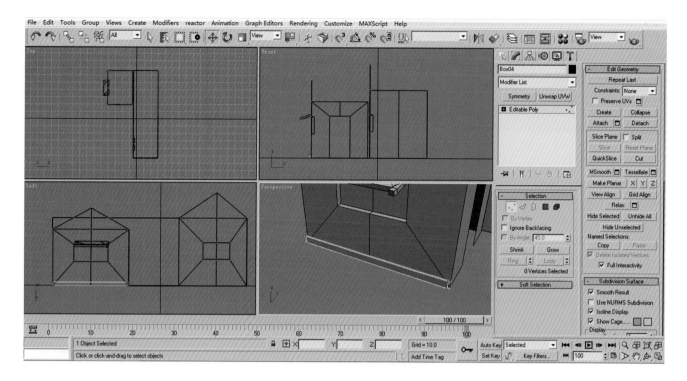

图 6-25　茅草屋制作步骤 24

再新建一个"Box05"。选择刚刚新建的"Box04"，按快捷键 R 键调整尺寸，右键选择"Convert to Editable Poly"（转换为可编辑多边形），或按住 Shift 键向上进行拖动，即可复制"Box04"，如图 6-26 所示。再进入线层级，为"Box05"加一圈线后，进入点层级，调整点，如图 6-27 所示。

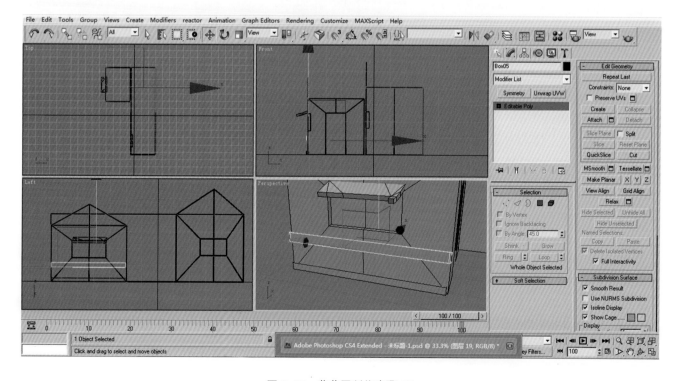

图 6-26　茅草屋制作步骤 25

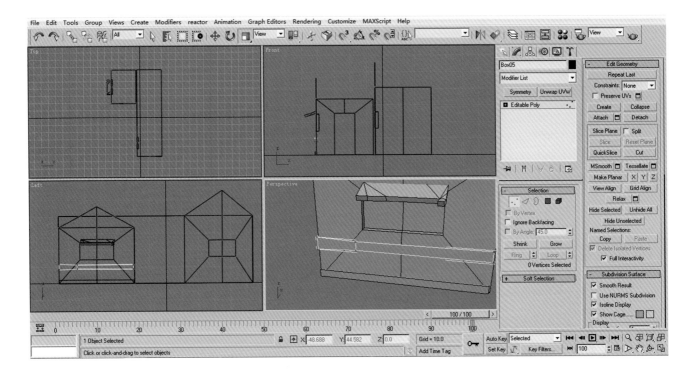

图 6-27　茅草屋制作步骤 26

继续新建 "Box06"，重复图 6-25 至图 6-26 的步骤，如图 6-28 和图 6-29 所示，注意图中加线的位置。

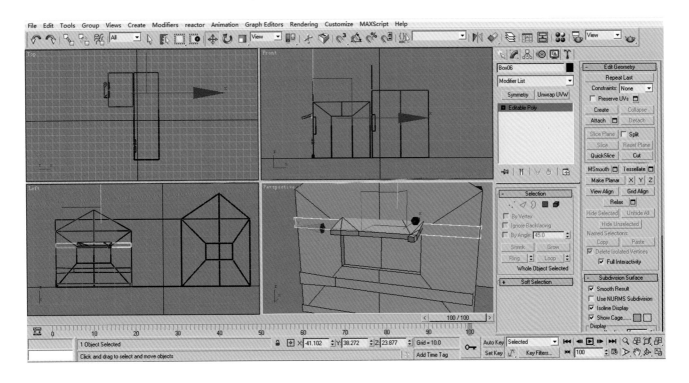

图 6-28　茅草屋制作步骤 27

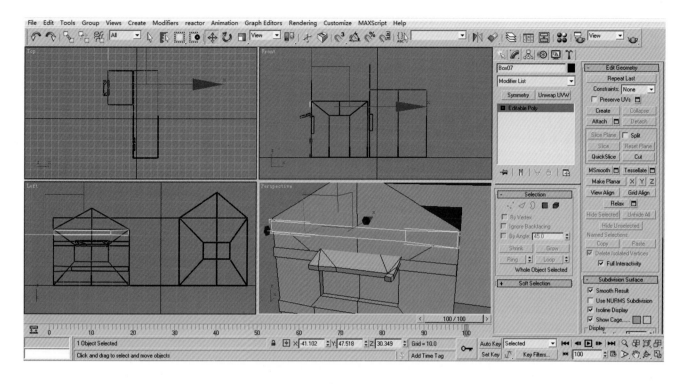

图 6-29　茅草屋制作步骤 28

　　新建 "Box08" 作为房梁的装饰，按快捷键 R 键调整尺寸，注意比例关系与物体大小，右键选择 "Convert to Editable Poly"（转换为可编辑多边形），进入点层级，进行微调，如图 6-30 所示。

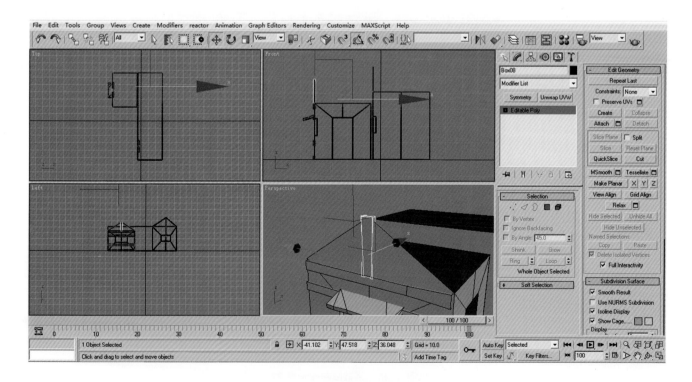

图 6-30　茅草屋制作步骤 29

新建"Box09"和"Box10"，按快捷键 R 键调整尺寸，注意比例关系与物体大小，右键选择"Convert to Editable Poly"（转换为可编辑多边形），进入线层级，选取竖向 4 根线条，单击右侧的"Connect"为其加一圈线，并进入点层级进行微调，如图 6-31 和图 6-32 所示。

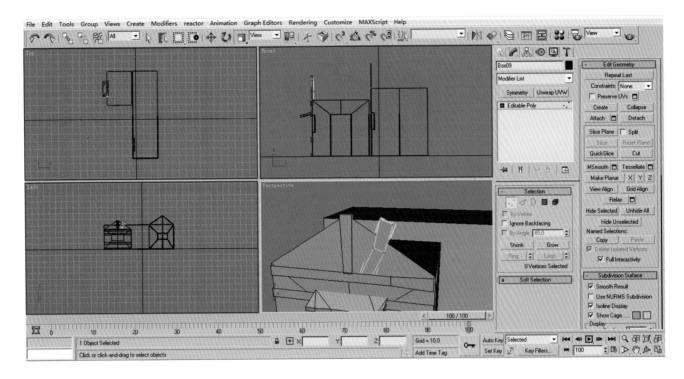

图 6-31　茅草屋制作步骤 30

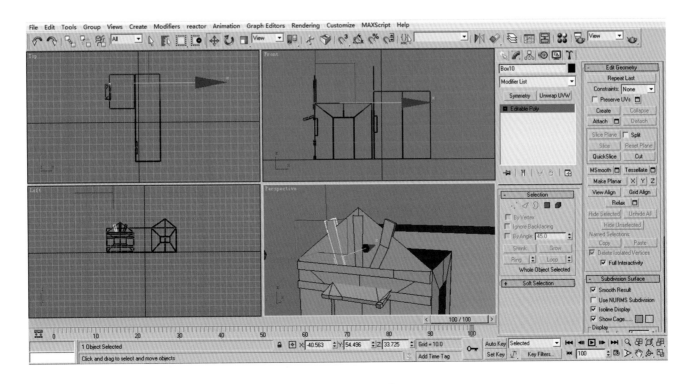

图 6-32　茅草屋制作步骤 31

新建"Cylinder",注意调整"Parameters"参数,如图6-33所示。调整好位置关系及比例关系后,右键选择"Convert to Editable Poly"(转换为可编辑多边形),进入线层级,对顶部的点进行微调,如图6-34所示。再新建一个同样的"Cylinder",但不进入点层级进行微调,如图6-35所示。

注:可新建一个"Cylinder",并在对位置关系及比例调整好后,按住Shift键向右进行复制,再对左边的柱子右键选择"Convert to Editable Poly"(转换为可编辑多边形),进入点层级,对顶部的点进行微调。

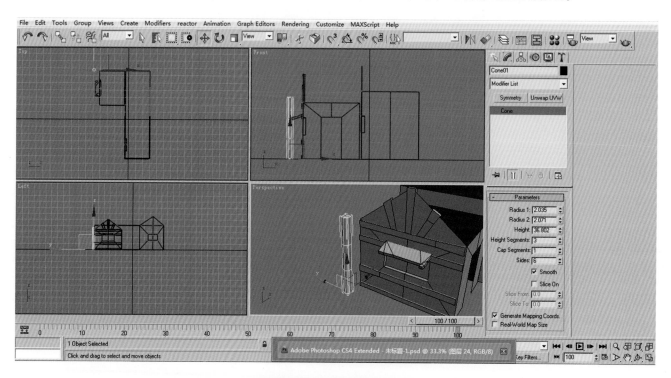

图6-33 茅草屋制作步骤32

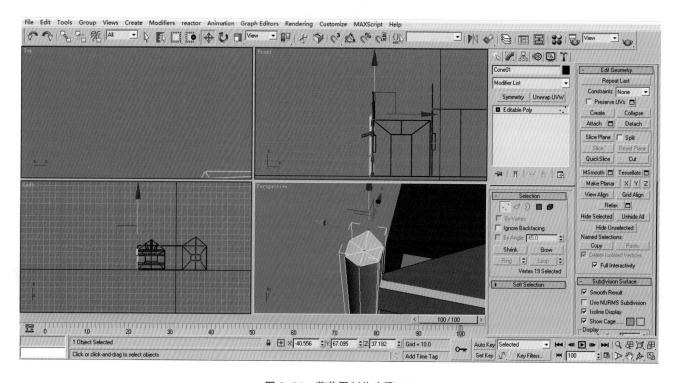

图6-34 茅草屋制作步骤33

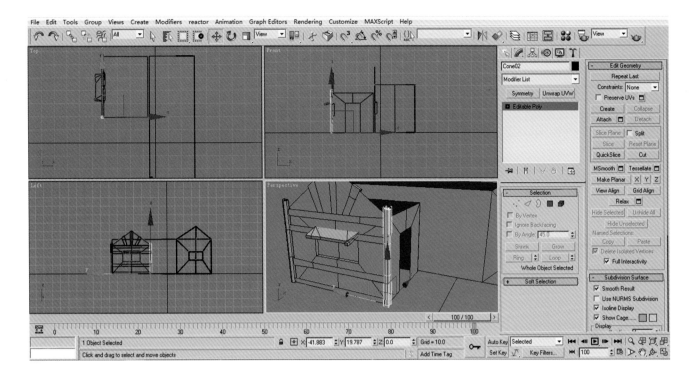

图 6-35　茅草屋制作步骤 34

门的制作。新建"Box11",作为门柱,在对位置关系及比例调整好后,右键选择"Convert to Editable Poly"(转换为可编辑多边形),再按住 Shift 键向右进行复制,如图 6-36 和图 6-37 所示。

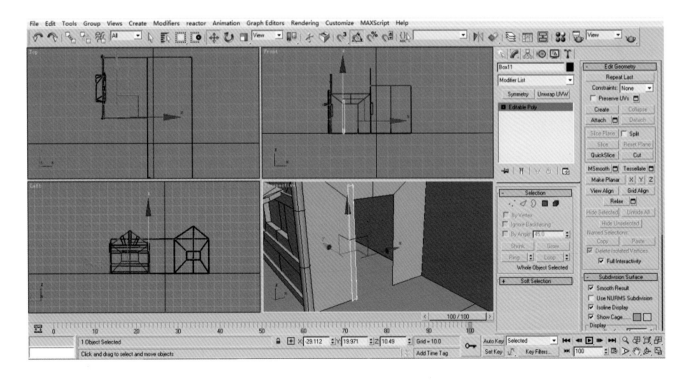

图 6-36　茅草屋制作步骤 35

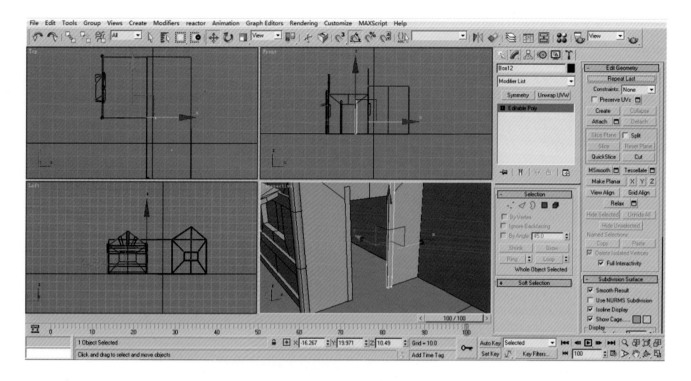

图 6-37　茅草屋制作步骤 36

新建"Box13"，作为门板，在对位置关系及比例调整好后，右键选择"Convert to Editable Poly"（转换为可编辑多边形），再按住 Shift 键向右进行复制。选择右边的门板，按快捷键 E 键进行旋转，让门打开，如图 6-38 和图 6-39 所示。

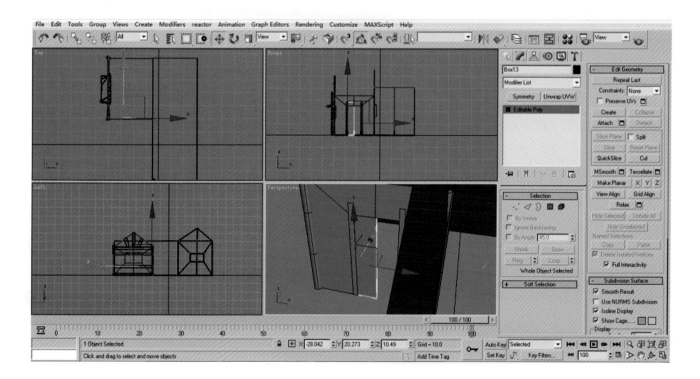

图 6-38　茅草屋制作步骤 37

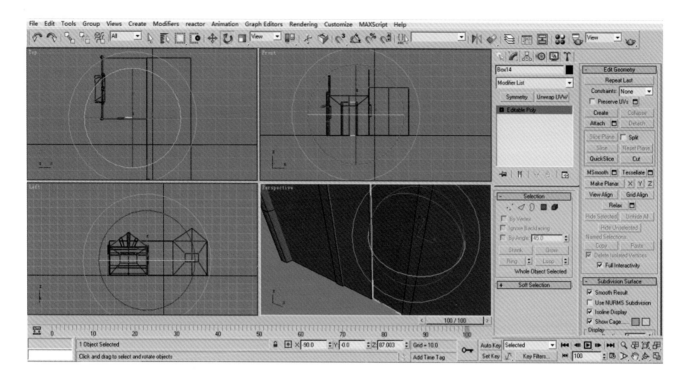

图 6-39　茅草屋制作步骤 38

　　新建"Box15"，在对位置关系及比例调整好后，右键选择"Convert to Editable Poly"（转换为可编辑多边形），再按住 Shift 键向下进行复制，如图 6-40 和图 6-41 所示。

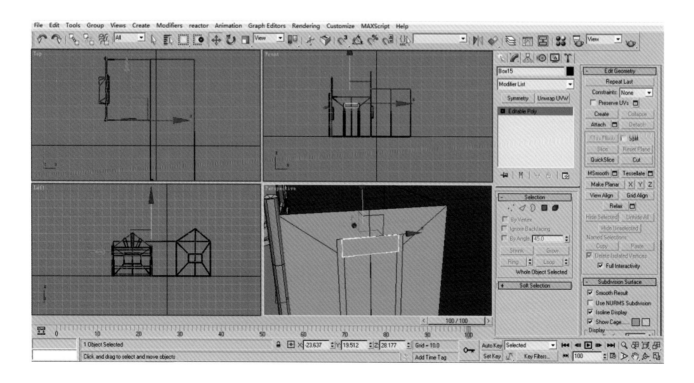

图 6-40　茅草屋制作步骤 39

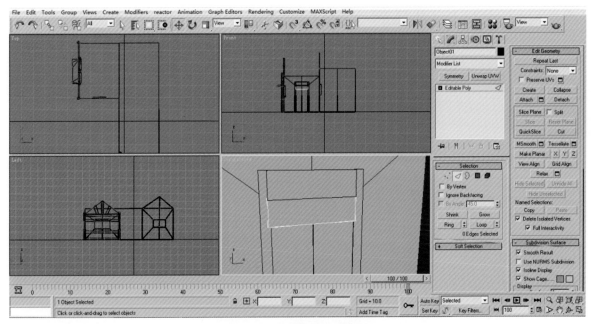

图 6-41　茅草屋制作步骤 40

对刚进行复制的"Box"，进入线层级，选取横向 4 根线条，单击右侧的"Connect"为其加一圈线，并进入点层级进行调整，使其下面翘起，做出门沿的形状，如图所示 6-42 和图 6-43 所示。

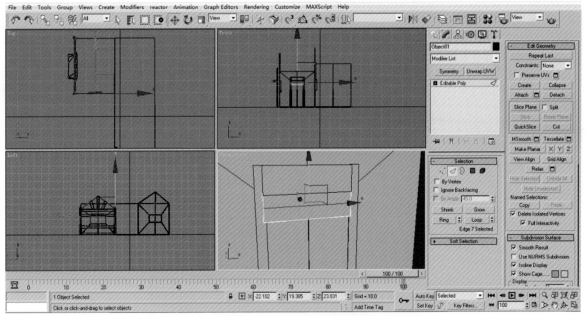

图 6-42　茅草屋制作步骤 41

图 6-43　茅草屋制作步骤 42

制作屋顶。首先新建一个"Box"，右键选择"Convert to Editable Poly"（转换为可编辑多边形），在对位置关系及比例调整好后，删除底部多余的面，进入线层级，选取横向4根线条，单击右侧的"Connect"为其加一圈线，如图6-44所示。再为它添加3条线，如图6-45所示。

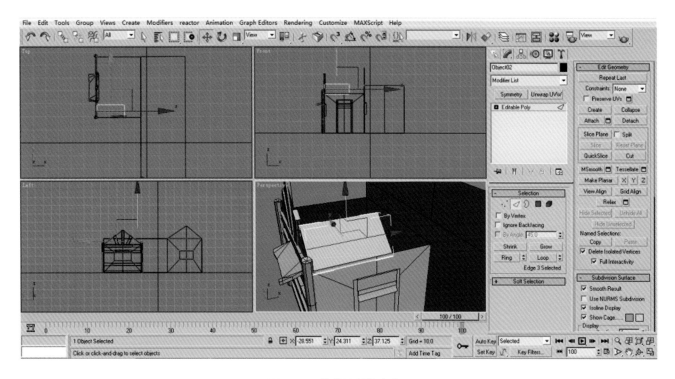

图6-44 茅草屋制作步骤43

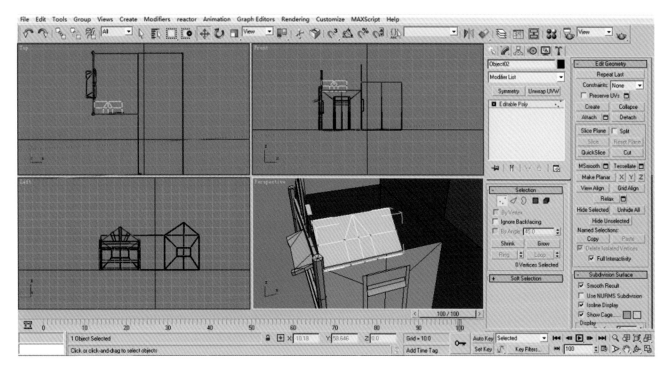

图6-45 茅草屋制作步骤44

进入点层级，对点进行调整，使屋顶不是平平一块，如图 6-46 所示。

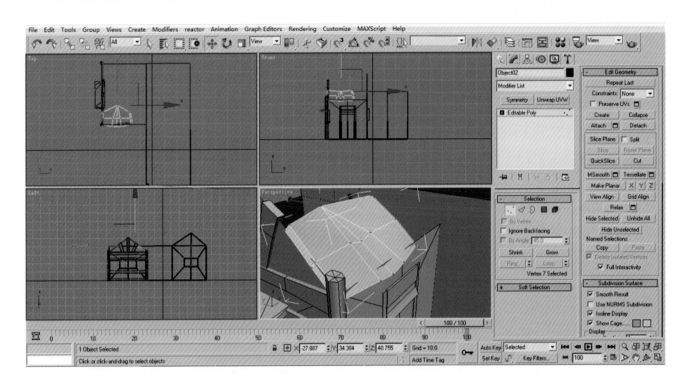

图 6-46　茅草屋制作步骤 45

进入物体层级，选中屋顶，按住 Shift 键向右平移，进行复制。选中 2 片屋顶，继续进行复制，将房顶铺满，如图 6-47 所示。选中需要镜像复制的屋顶，在工具栏右上方可以找到镜像工具 ，单击镜像工具，弹出镜像设置窗口，如图 6-48 和图 6-49 所示。

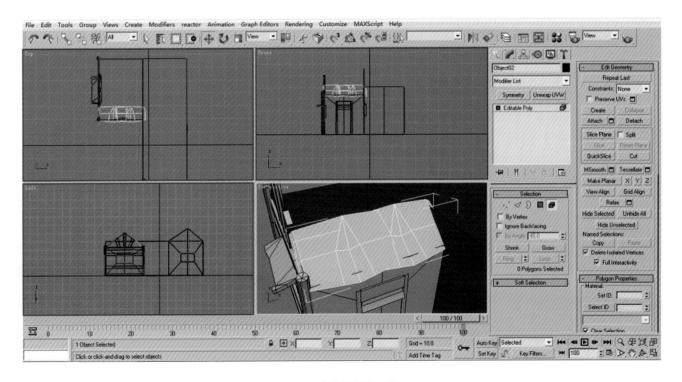

图 6-47　茅草屋制作步骤 46

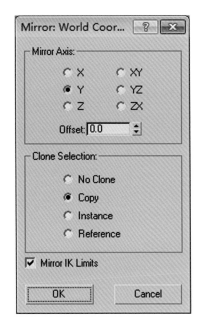

图 6-48　茅草屋制作步骤 47

注：设置时需注意所需复制的轴向。

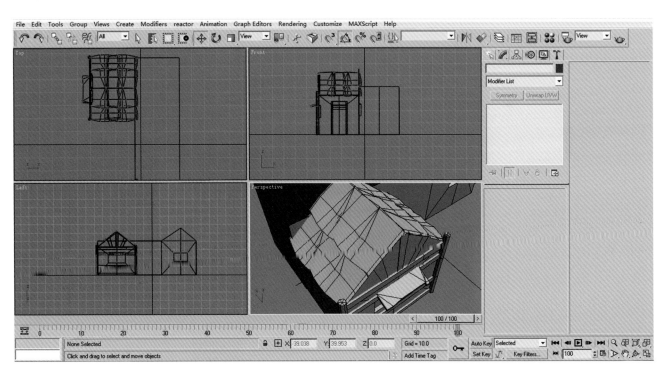

图 6-49　茅草屋制作步骤 48

新建一个"Cone"，注意调整"Parameters"参数，"Height Segments"为 3，"Cap Segments"为 1，"Sides"为 6。调整好位置关系及比例关系后，右键选择"Convert to Editable Poly"（转换为可编辑多边形），如图 6-50 所示。

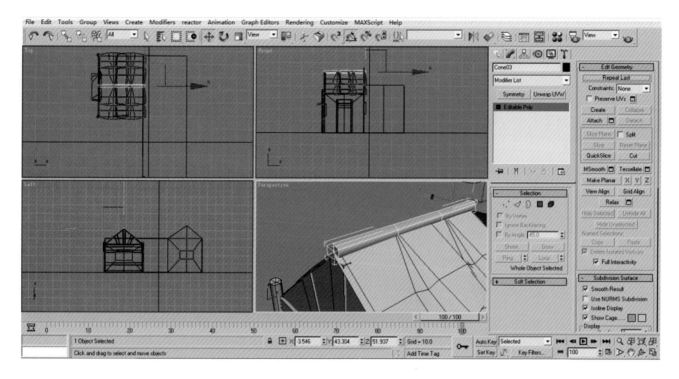

图 6-50 茅草屋制作步骤 49

　　进入线层级，选取横向 4 根线条，单击右侧的 "Connect" 为其加一圈线，并进入点层级，对点进行调整，以达到所需要的效果，如图 6-51 所示。将左侧多个点合并，进入点层级，鼠标右键单击 "Weld"，即可合并，如图 6-52 所示。

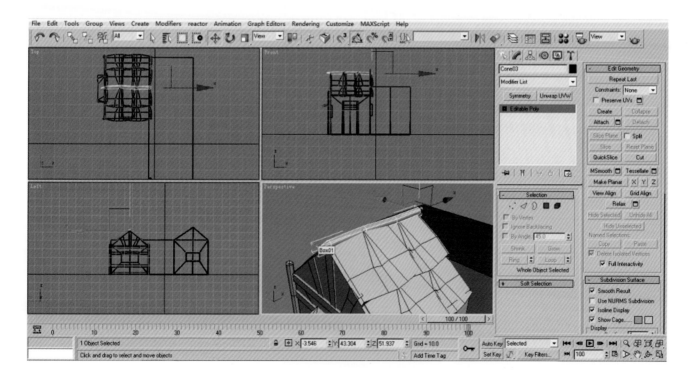

图 6-51 茅草屋制作步骤 50

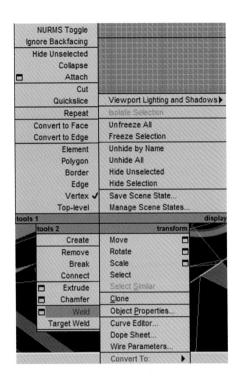

图 6-52　茅草屋制作步骤 51

再新建一个"Cone"，注意调整"Parameters"参数，"Height Segments"为 2，"Cap Segments"为 1，"Sides"为 6。在调整好位置关系及比例关系后，右键选择"Convert to Editable Poly"（转换为可编辑多边形），进入点层级，对点进行调整，鼠标右键单击"Weld"，合并点，如图 6-53 所示。

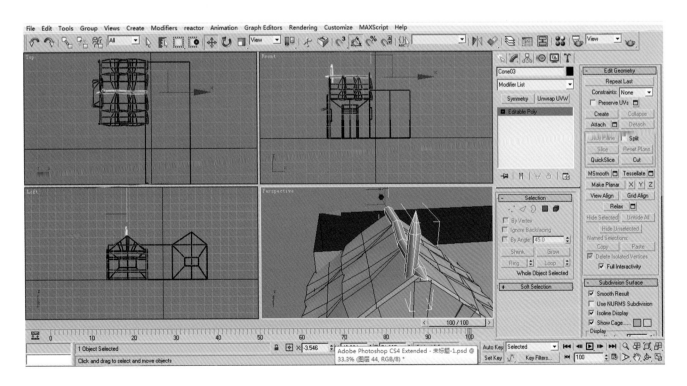

图 6-53　茅草屋制作步骤 52

新建"Cone",注意调整"parameters"参数,在调整好位置关系及比例关系后,右键选择"Convert to Editable Poly"(转换为可编辑多边形),如图 6-54 所示。选中物体,按住 Shift 键进行复制,如图 6-55 所示。

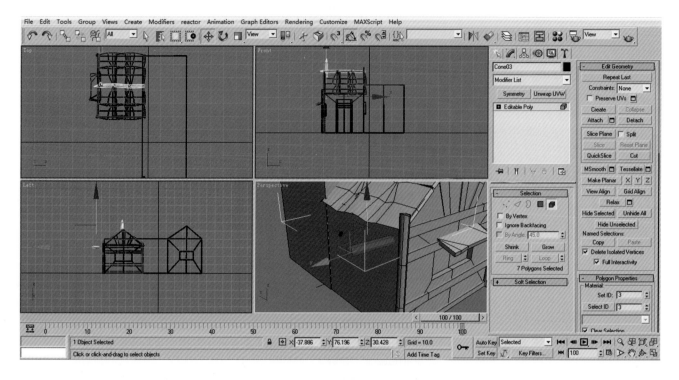

图 6-54　茅草屋制作步骤 53

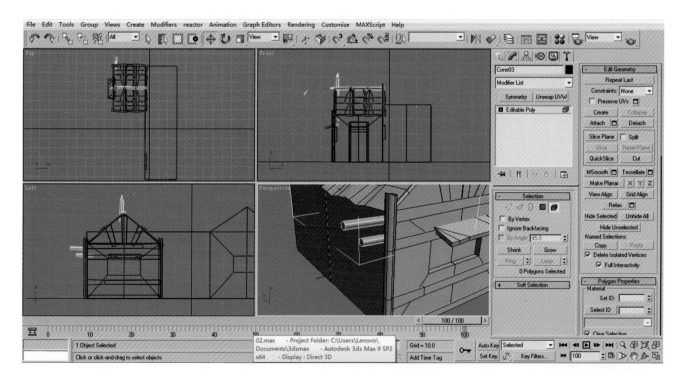

图 6-55　茅草屋制作步骤 54

新建"Box"，在调整好位置关系及比例关系后，右键选择"Convert to Editable Poly"（转换为可编辑多边形），注意与前面位置平行，如图 6-56 所示。选中"Box"，按住 Shift 键向上进行复制，如图 6-57 所示。

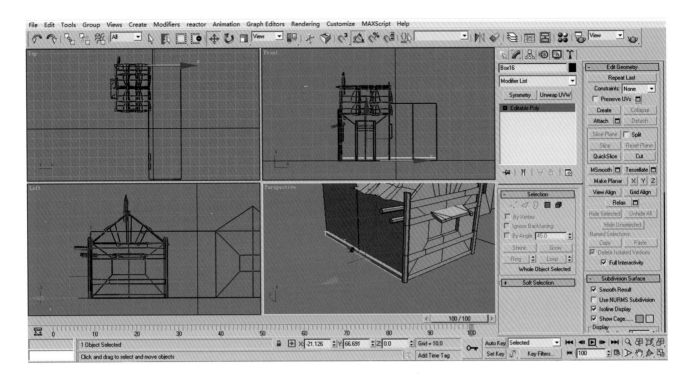

图 6-56　茅草屋制作步骤 55

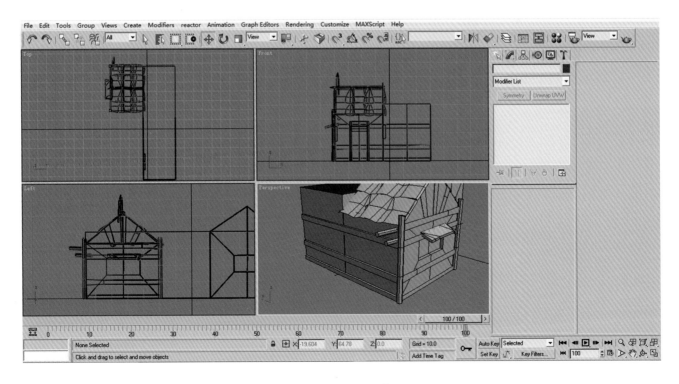

图 6-57　茅草屋制作步骤 56

选中房顶的"Cone"，按住 Shift 键进行复制，进入线层级，选取横向 4 根线条，单击右侧的"Connect"为其加一圈线，并进入点层级，对点进行调整，以达到所需要的效果，如图 6-58 和图 6-59 所示。

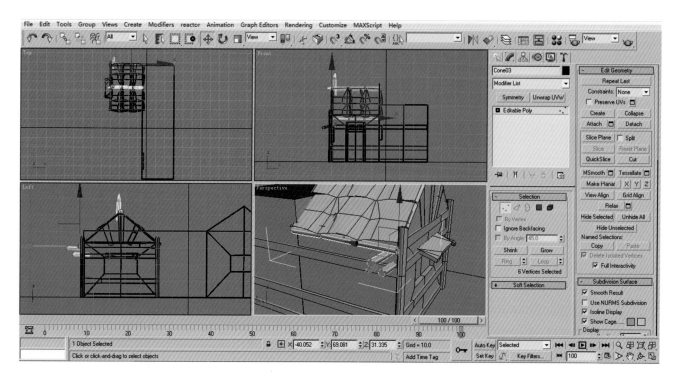

图 6-58　茅草屋制作步骤 57

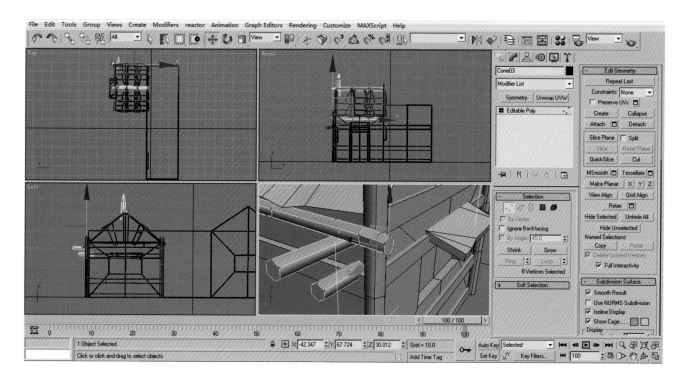

图 6-59　茅草屋制作步骤 58

新建"Box",在调整好位置关系及比例关系后,右键选择"Convert to Editable Poly"(转换为可编辑多边形),如图 6-60 所示。

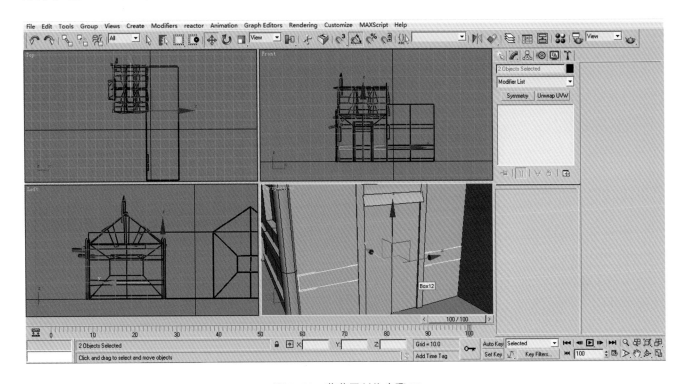

图 6-60　茅草屋制作步骤 59

选中图 6-58 所制作的房梁,按住 Shift 键进行复制,移动到门的上方,如图 6-61 所示。选中图 6-53 所制作的木锥,按住 Shift 键进行复制,按快捷键 E 键进行选中,移动到房梁下方,如图 6-62 所示。

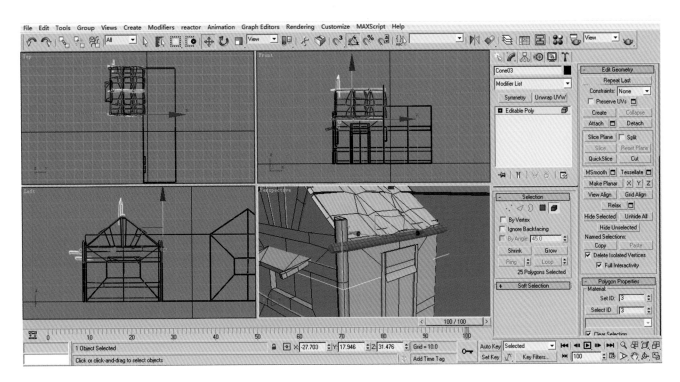

图 6-61　茅草屋制作步骤 60

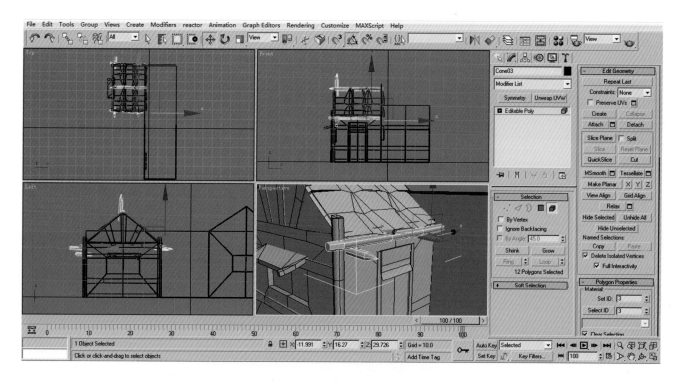

图 6-62　茅草屋制作步骤 61

制作坡道。新建"Box"，在调整好位置关系及比例关系后，右键选择"Convert to Editable Poly"（转换为可编辑多边形），如图 6-63 和图 6-64 所示。

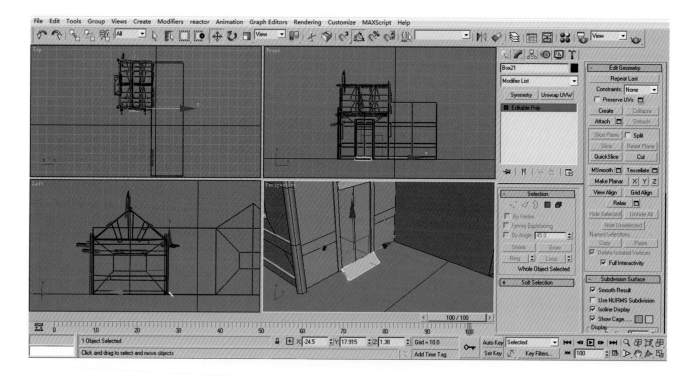

图 6-63　茅草屋制作步骤 62

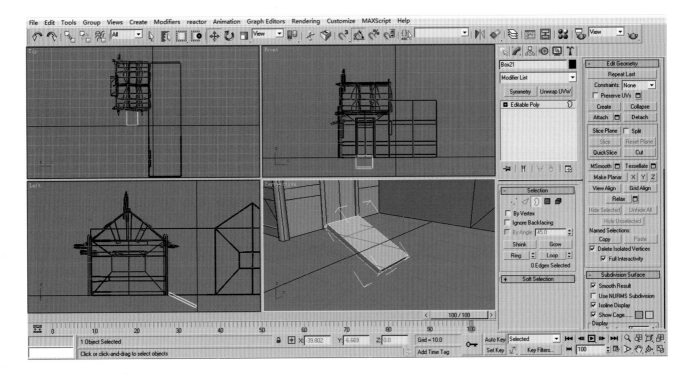

图 6-64 茅草屋制作步骤 63

新建 "Cone"，注意调整 "parameters" 参数。在调整好位置关系及比例关系后，右键选择 "Convert to Editable Poly" （转换为可编辑多边形），如图 6-65 所示。

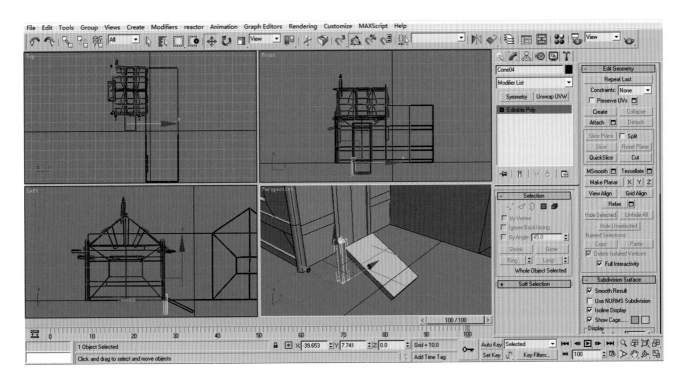

图 6-65 茅草屋制作步骤 64

新建"Cone"，注意调整"parameters"参数。在调整好位置关系及比例关系后，右键选择"Convert to Editable Poly"（转换为可编辑多边形），进入线层级，选取竖向 4 根线条，单击右侧的"Connect"为其加一圈线，再进入点层级对点进行调整，以达到所需的效果，并把顶端的点选中，鼠标右键单击"Weld"，合并点，如图 6-66 和图 6-67 所示。

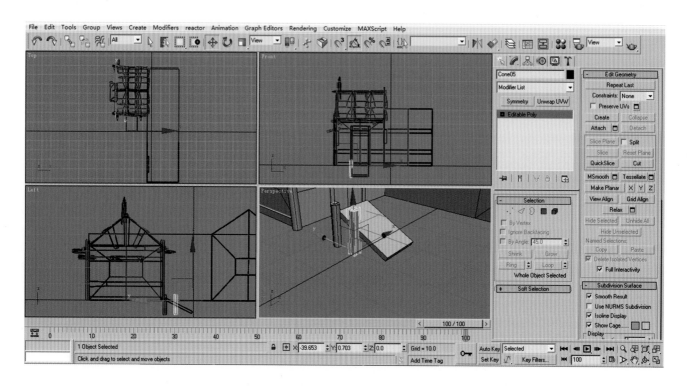

图 6-66 茅草屋制作步骤 65

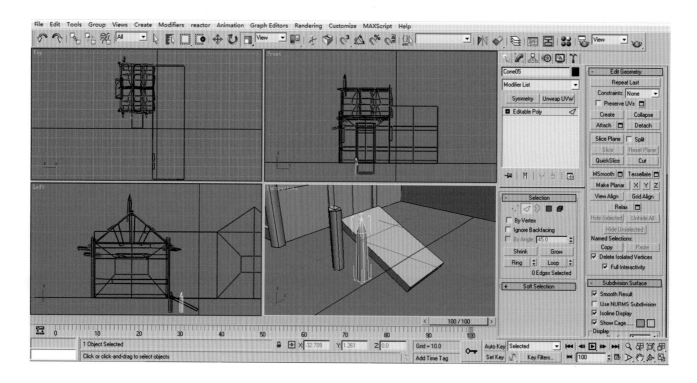

图 6-67 茅草屋制作步骤 66

选中图 6-67 所制作的木锥，按住 Shift 键进行复制，并按快捷键 R 键缩小。选中刚才制作的 3 根木锥，按住 Shift 键进行整体复制，如图 6-68 所示。

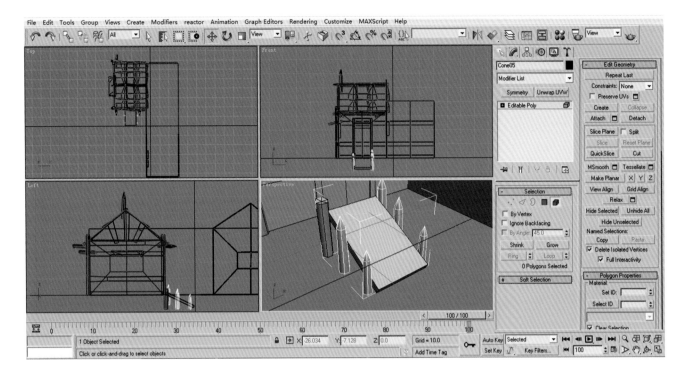

图 6-68　茅草屋制作步骤 67

"Box02" 的细节制作。选中 "Box01" 上图 6-26 的模型，按住 Shift 键进行复制，移动至 "Box02" 窗户下方，如图 6-69 所示。

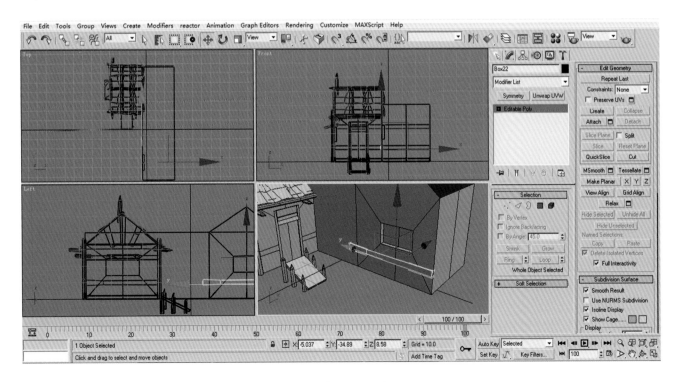

图 6-69　茅草屋制作步骤 68

选中"Box01"上图 6-34 和图 6-35 的模型，按住 Shift 键进行复制，移动至"Box02"，如图 6-70 所示。

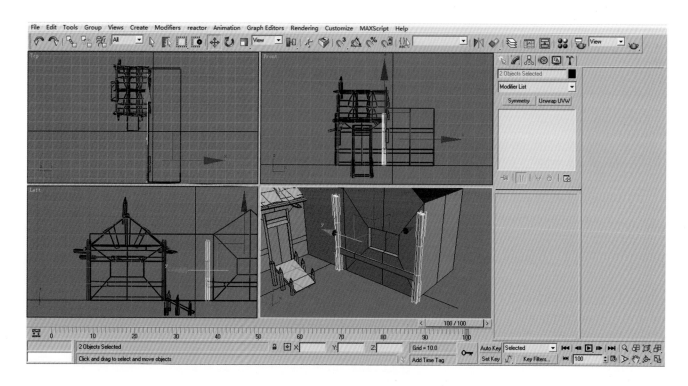

图 6-70　茅草屋制作步骤 69

新建"Box"，在调整好位置关系及比例关系后，右键选择"Convert to Editable Poly"（转换为可编辑多边形），如图 6-71 和图 6-72 所示。

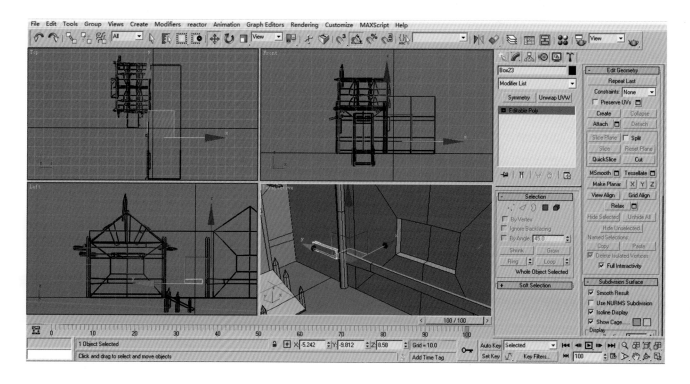

图 6-71　茅草屋制作步骤 70

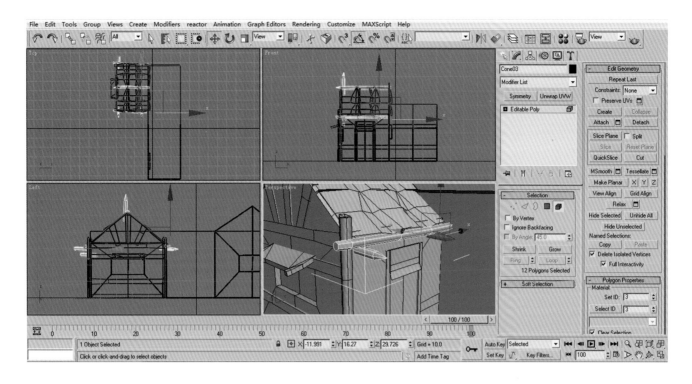

图 6-72　茅草屋制作步骤 71

选中"Box01"上图 6-24 所示窗檐，按住 Shift 键进行复制，移动至"Box02"，如图 6-73 所示。

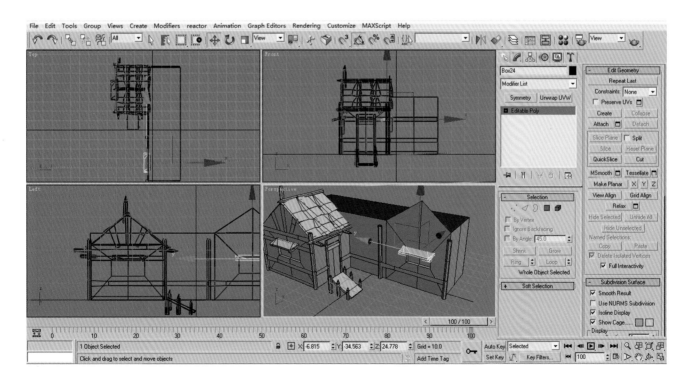

图 6-73　茅草屋制作步骤 72

新建"Box"，在调整好位置关系及比例关系后，右键选择"Convert to Editable Poly"（转换为可编辑多边形），如图 6-74 所示。

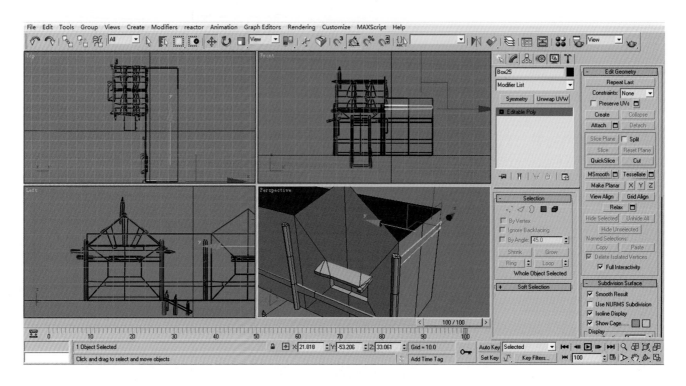

图 6-74　茅草屋制作步骤 73

选中"Box02"，进入点层级，对其进行调整，如图 6-75 所示。

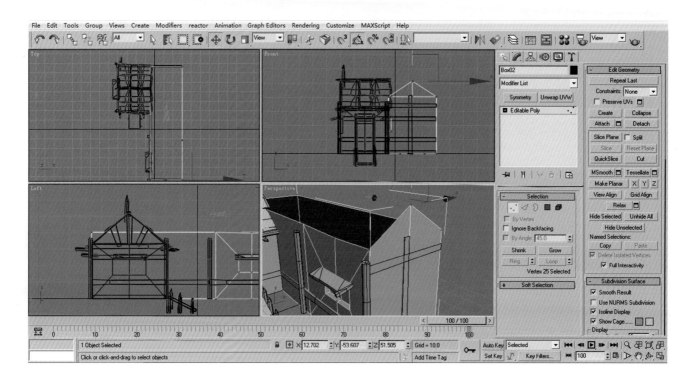

图 6-75　茅草屋制作步骤 74

新建"Cone"，注意调整"parameters"参数。在调整好位置关系及比例关系后，右键选择"Convert to Editable Poly"（转换为可编辑多边形），进入线层级，选取竖向 4 根线条，单击右侧的"Connect"为其加一圈线，再进入点层级对点进行调整，以达到所需要的效果，并把顶端的点选中，鼠标右键单击"Weld"，合并点，如图 6-76 所示。

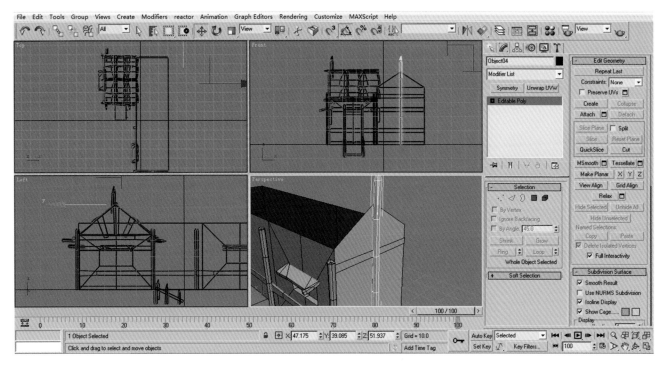

图 6-76　茅草屋制作步骤 75

选中"Box01"上图 6-47 所示屋顶，按住 Shift 键进行复制，移动至"Box02"，并继续复制，将屋顶铺满，如图 6-77 至图 6-79 所示。

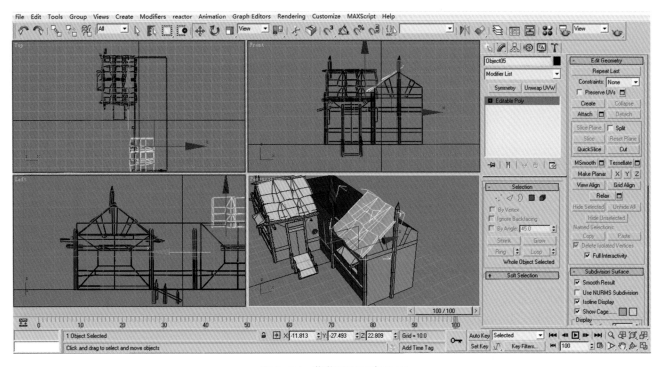

图 6-77　茅草屋制作步骤 76

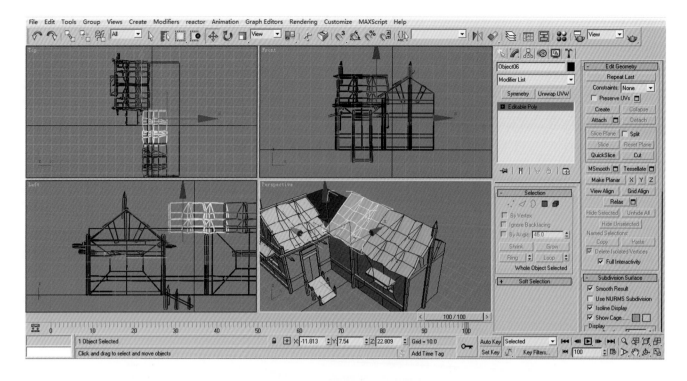

图 6-78　茅草屋制作步骤 77

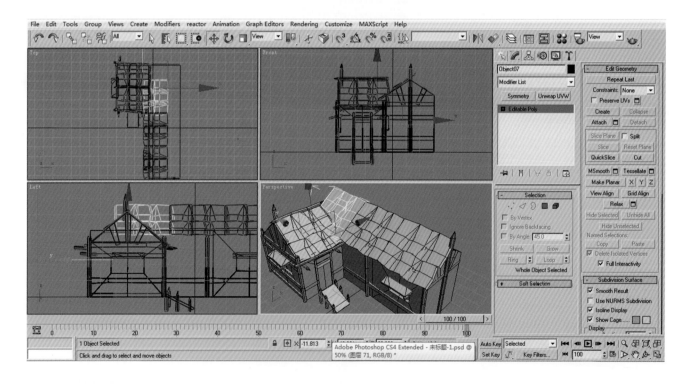

图 6-79　茅草屋制作步骤 78

　　选中"Box02"上所有屋顶，选中需要镜像复制的屋顶，在工具栏右上方可以找到镜像工具 ，单击，弹出镜像设置窗口，如图 6-80 和图 6-81 所示。

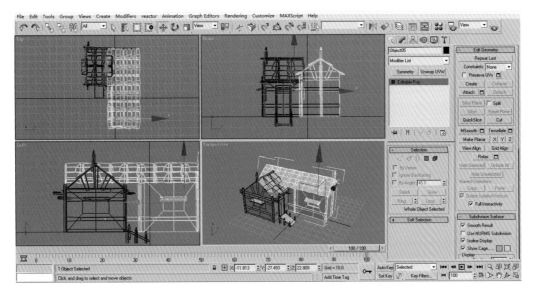

图 6-80　茅草屋制作步骤 79

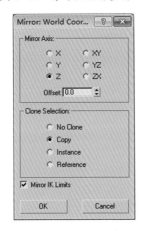

图 6-81　茅草屋制作步骤 80

选中"Box01"上图 6-53 所示的木锥，按住 Shift 键进行复制，移动至"Box02"，摆放至相应位置，并选中"Box02"上图 6-76 所示的长木锥，按住 Shift 键进行复制，移动至"Box02"，摆放至相应位置，如图 6-82 所示。

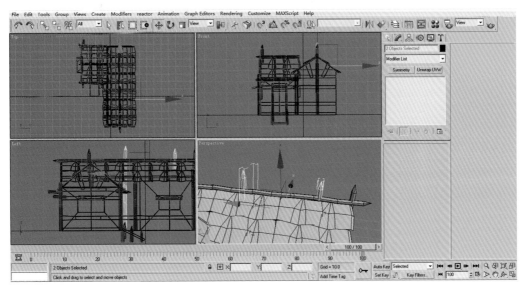

图6-82　茅草屋制作步骤81

　　新建一个"Box"，在调整好位置关系及比例关系后，右键选择"Convert to Editable Poly"（转换为可编辑多边形），进入面层级，删掉底部不需要的面，如图6-83所示。

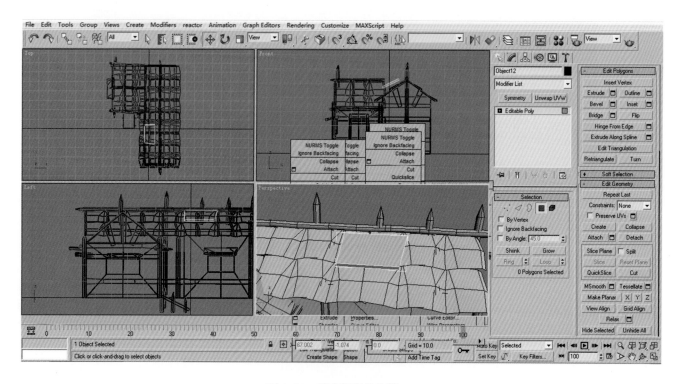

图6-83　茅草屋制作步骤82

　　进入线层级，为"Box"加线，如图6-84所示。进入点层级，对点进行调整，以达到所需要的效果，如图6-85所示。

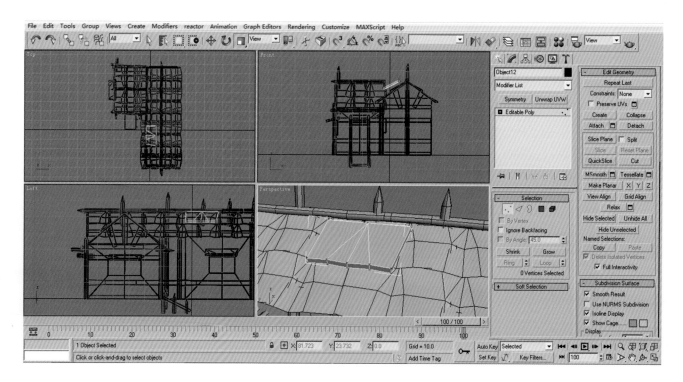

图6-84　茅草屋制作步骤83

新建"Box"，在调整好位置关系及比例关系后，右键选择"Convert to Editable Poly"（转换为可编辑多边形），如图 6-85 所示。

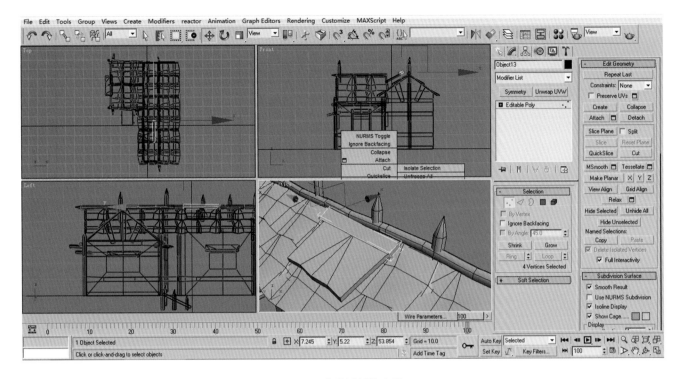

图 6-85 茅草屋制作步骤 84

新建"Box"，在调整好位置关系及比例关系后，右键选择"Convert to Editable Poly"（转换为可编辑多边形），进入面层级，删除多余的看不见的面，并进入线层级，为其加线，如图 6-86 所示。

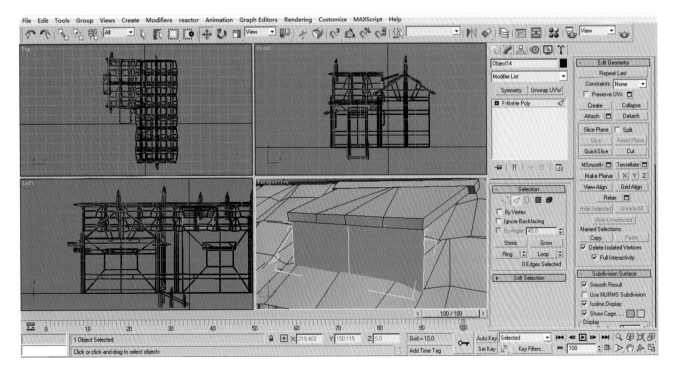

图 6-86 茅草屋制作步骤 85

选中"Box01"上图6-53所示的木锥，按住Shift键进行复制，移动至"Box02"，摆放至相应位置，如图6-87所示。进入线层级，将木锥上方的线删除，如图6-88所示。按住Shift键进行复制，将其摆放至相应位置，如图6-89所示。

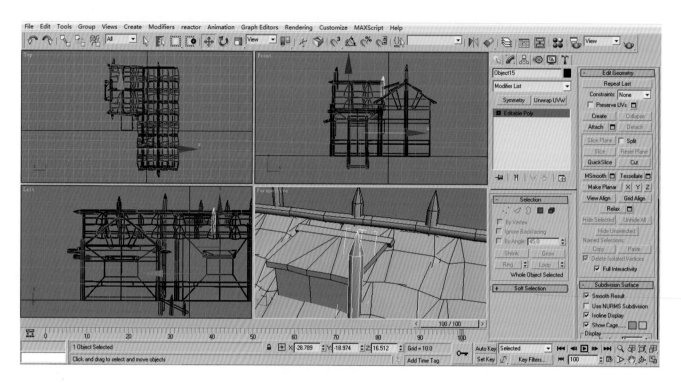

图 6-87　茅草屋制作步骤 86

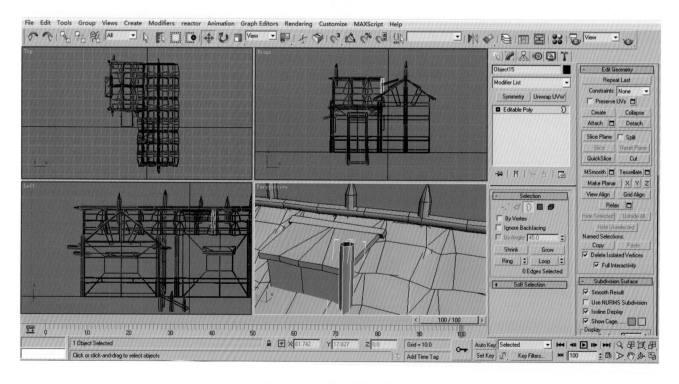

图 6-88　茅草屋制作步骤 87

选中天窗，进入面层级，将天窗两边侧面的面调整到合适尺寸，如图 6-89 所示。

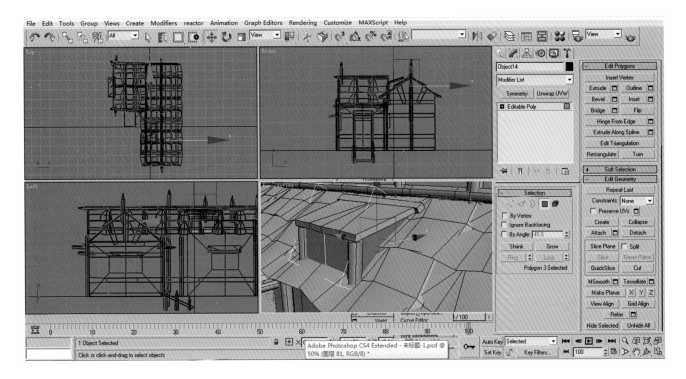

图 6-89　茅草屋制作步骤 88

新建 "Box"，放置在 "Box02" 天窗上，在调整好位置关系及比例关系后，右键选择 "Convert to Editable Poly"（转换为可编辑多边形），进入线层级，为其加线，并进入点层级，将其调整为不规则形状，鼠标右键单击 "Weld"，将多余的点合并，如图 6-90 至图 6-92 所示。

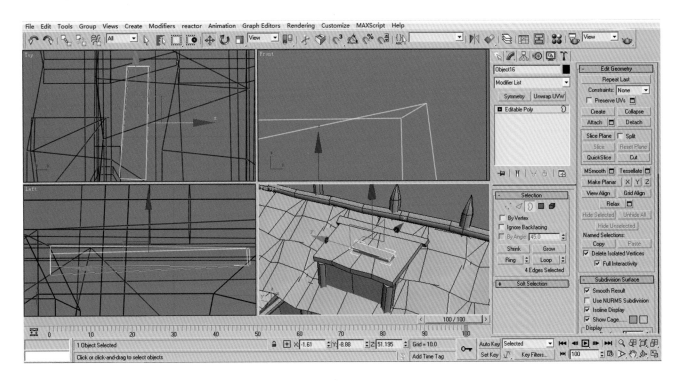

图 6-90　茅草屋制作步骤 89

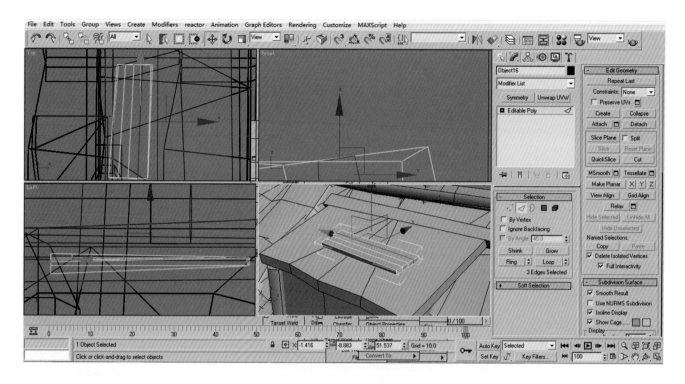

图 6-91　茅草屋制作步骤 90

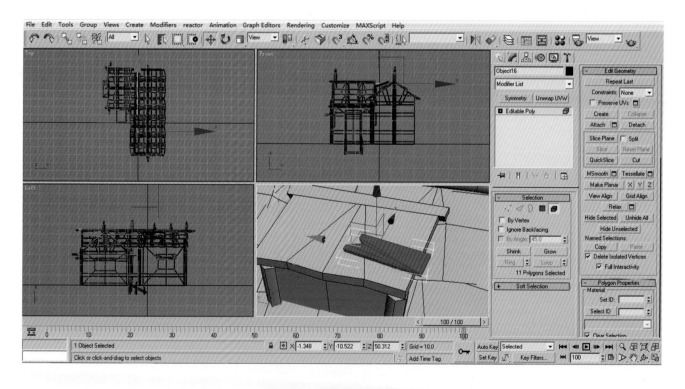

图 6-92　茅草屋制作步骤 91

新建"Box",调整好位置关系及比例关系后,右键选择"Convert to Editable Poly"(转换为可编辑多边形),将新建"Box"放置在刚刚制作的不规则木板下方,如图 6-93 所示。按住 Shift 键进行复制,放置到相应位置,如图 6-94 所示。

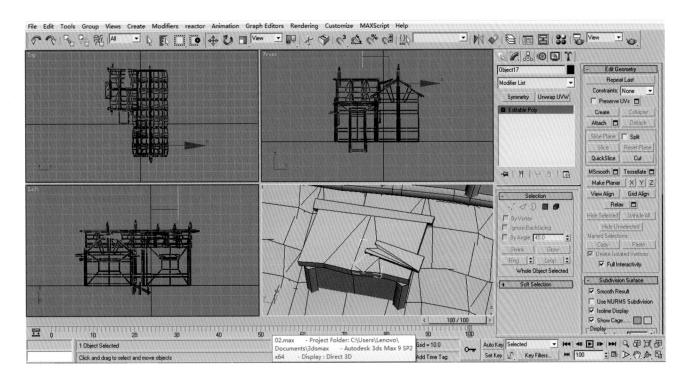

图 6-93 茅草屋制作步骤 92

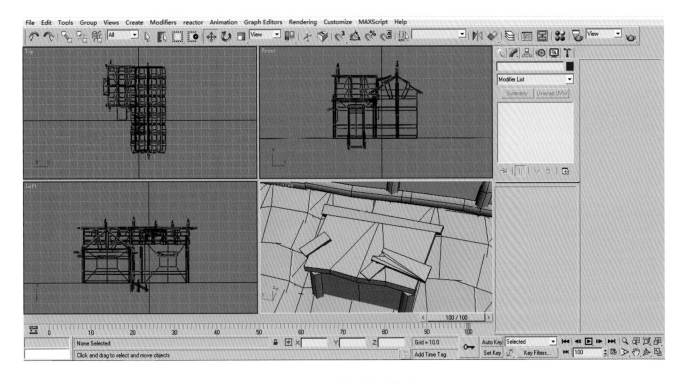

图 6-94 茅草屋制作步骤 93

新建"Box"，右键选择"Convert to Editable Poly"（转换为可编辑多边形），将多余的面删除，进入线层级，对其加线，并使其与整个房子的底部吻合，如图 6-95 所示。

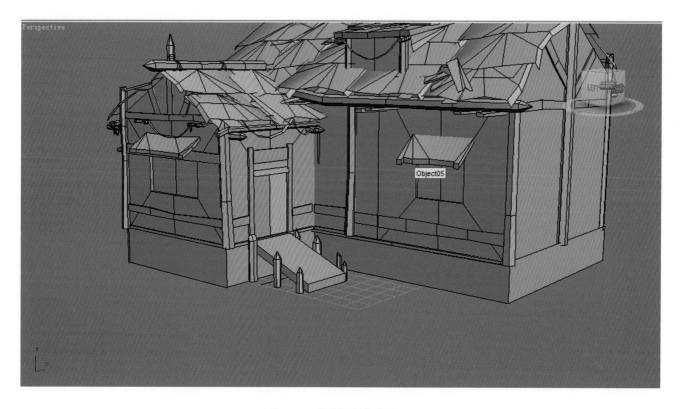

图 6-95　茅草屋制作步骤 94

现在房子的主体及细节已经完成，如图 6-96 所示。

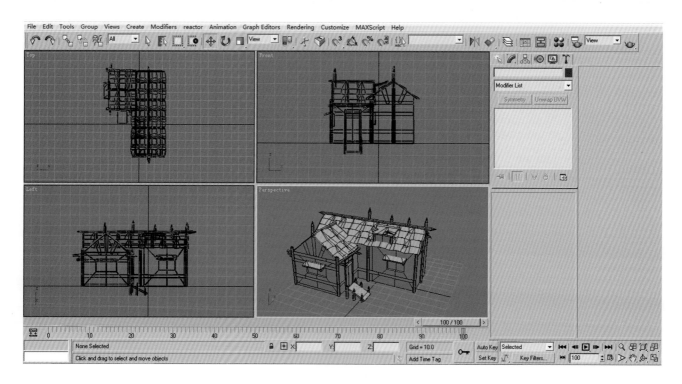

图 6-96　茅草屋制作步骤 95

现在再来为房子添加装饰，如绳子的制作。单击"Shapes" 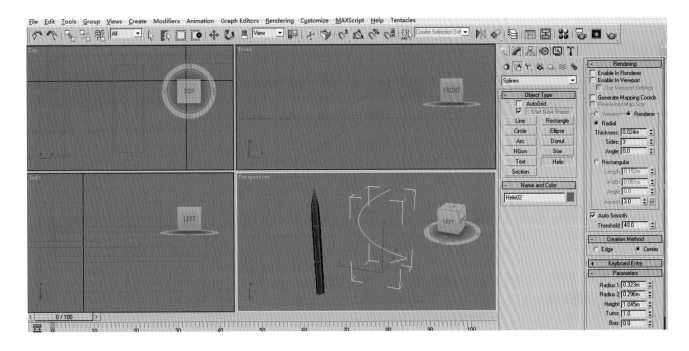，新建曲线"Helix"，如图 6-97 所示。

图 6-97　茅草屋制作步骤 96

调整"Parameters"参数，"Radius1"为调整曲线下方尺寸，"Radius2"为调整曲线上方尺寸，"Height"为高度设置，"Turns"为曲线圈数设置，"Bias"为曲线缠绕偏向设置，如图 6-98 所示。

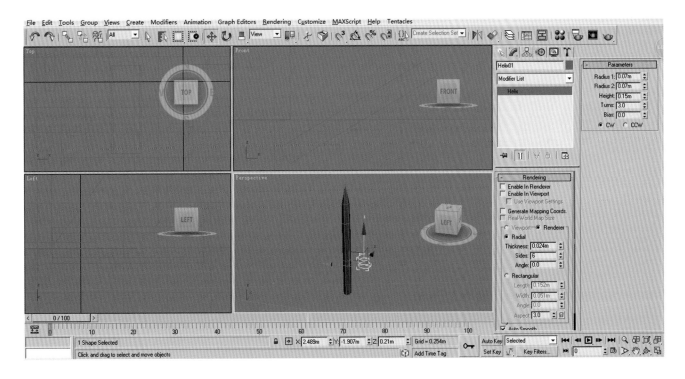

图 6-98　茅草屋制作步骤 97

将设置好的曲线移动到木锥上，使其缠绕在上面，如图 6-99 所示。

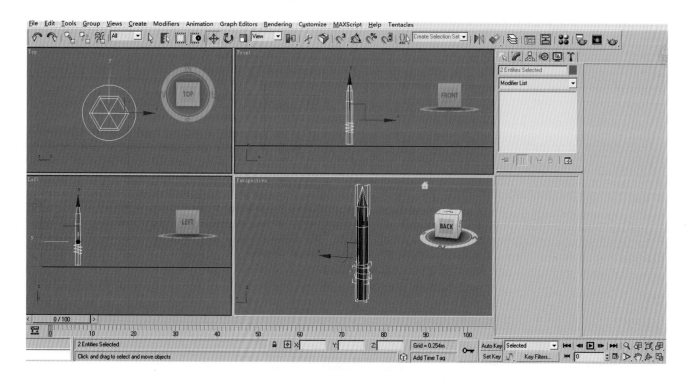

图 6-99　茅草屋制作步骤 98

选中曲线，勾选右侧 "Renbdering" 设置栏中 "Enable In Renderer" 和 "Enable In Viewport" 的选项。曲线自动生成绳索，可在右侧 "Radial" 中对绳索进行设置，如图 6-100 所示。

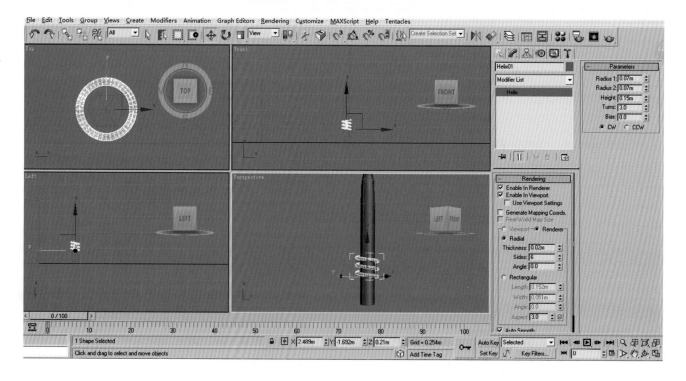

图 6-100　茅草屋制作步骤 99

待绳索添加完成后，整个室外场景模型已经全部完成，如图 6-101 所示。

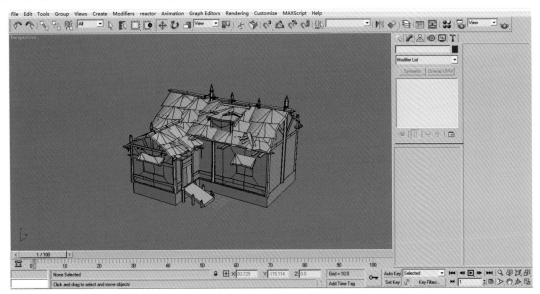

图 6-101　茅草屋制作步骤 100

6.5
室外场景模型的 UV 展开与贴图赋予

首先，按快捷键 M 键打开材质球编辑器，单击"Diffuse"右侧的方框，选择棋盘格，然后在右边上方的工具栏里输入"U"搜索修改器"Unwrap UVW"，单击，给模型附加一个"UVW 展开"修改器，并完成 UV 的排布后将 UV 图导出，找到 UV 界面上的"Tools"工具选项，下面有"Render UVW"，使用该渲染命令，设置 UV 贴图尺寸，渲染出 UV 图，将渲染出的 UV 图像保存，以便在 Photoshop 中完成贴图的绘制，如图 6-102 至图 6-105 所示。

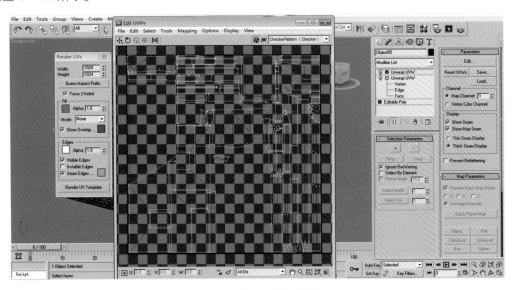

图 6-102　茅草屋制作步骤 101

图 6-103　茅草屋制作步骤 102

图 6-104　茅草屋制作步骤 103

图 6-105　茅草屋制作步骤 104

　　最后在选择贴图类型的时候选择"Bitmap"位图，然后找到绘制好的贴图，赋予模型并显示，至此模型制作全部完成，如图 6-106 所示。

图 6-106　茅草屋制作步骤 105

第 7 章

大型场景综合实例制作

DAXING CHANGJING ZONGHE SHILI ZHIZUO

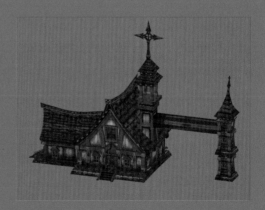

7.1
制作前的注意事项

大型场景模型的震撼力及其所表达的内涵是令人难忘的。一件好的作品，需要制作者具有全面的模型制作技能和对场景模型的深刻理解。在制作中，应注意几个要点。

（1）制作时要有深入构思的过程。

要明确制作的大型场景的所处时间和它将展现的主题。

（2）背景资料的收集最为重要，避免在场景中出现"硬伤"。

如果制作历史题材的大型场景模型，一定要具有真实性，切不可出现与时代和历史不符的物品，这点尤为重要。细节，只有充分考证后，才是真实历史的缩影、凝固的精彩瞬间。

（3）在制作过程中，构图是一切的根本。

与画画一样，场景模型不应该是简单的"堆砌"，先不说其事实的合理性，就是主题都将无法表达清楚，要合情合理，主题鲜明。

（4）模型布线应该合理。

模型的布线应该合理，并尽量节省。每个点、每条边都要有存在的意义。不需要所有的部件都在一个模型上建立出来。可以通过组合的方式进行制作，对于结构不是非常明显的，可以用 normal map 法线贴图代替，结构比较明显的用模型来进行制作。

7.2
制作前的准备

如图 7-1 所示，在制作前需仔细观察场景模型的结构和特征，并思考该场景模型需要分哪些部分进行建模，哪些部分可以直接用贴图代替，以提高渲染的速度。在可以达到很好的制作效果的前提下，能又快又好地完成制作。

在制作模型前先要进行单位设定，对于"场景模型"需把单位设置为"米"。在菜单栏中选择"Customize"，在其下拉菜单中选择"Units Setup"进行单位设定，勾选"Metric"，在其下拉选项中选择"Meters"，然后在"System Unit Setup"系统单位设定中将单位设置为"Miles"，如图 7-2、图 7-3 所示。

贴图分辨率也要进行设定，根据物体大小和贴图精细度要求进行相应的设定。选择"Customize"，然后单击"Preferences"首选项设置，在弹出的菜单中找到"Viewports"，然后单击下方的"Configure Driver"，在弹出的窗口中选择贴图大小，如图 7-4 所示。

图 7-1 古钟楼制作步骤 1

图 7-2 古钟楼制作步骤 2

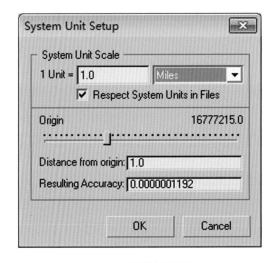

图 7-3 古钟楼制作步骤 3

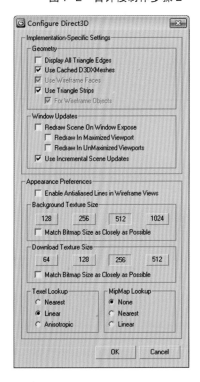

图 7-4 古钟楼制作步骤 4

7.3
大型场景的模型制作

制作房屋底座，新建一个"Box"，使用快捷键 R 键，将"Box"调整至合适大小，如图 7-5 所示。

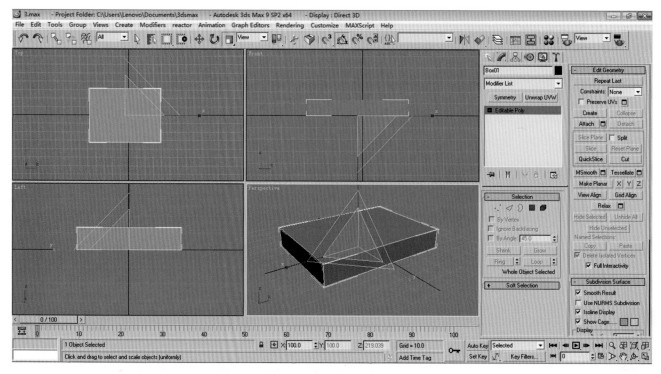

图 7-5　古钟楼制作步骤 5

右键选择"Convert to Editable Poly"（转换为可编辑多边形）。这一步又叫作"塌陷"，可以将之前对模型做过的修改全部合并，每完成一个部分的制作都要将其"塌陷"，如图 7-6 所示。

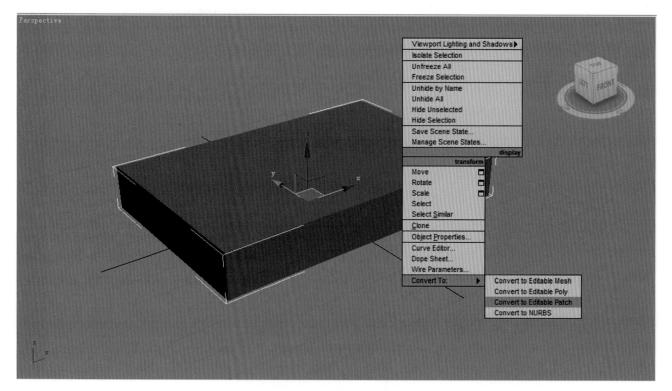

图 7-6　古钟楼制作步骤 6

进入线层级，选取竖向 4 根线条，单击右侧的"Connect"为其加一圈线，并对所加的一圈线的位置进行调整，如图 7-7 所示。

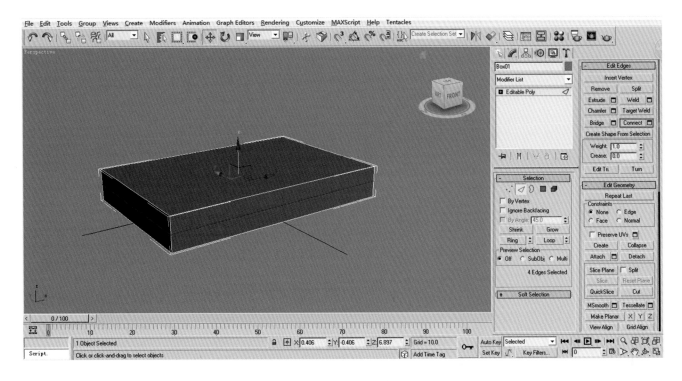

图 7-7　古钟楼制作步骤 7

进入面层级，按快捷键 R 键对模型进行调整，如图 7-8 所示。

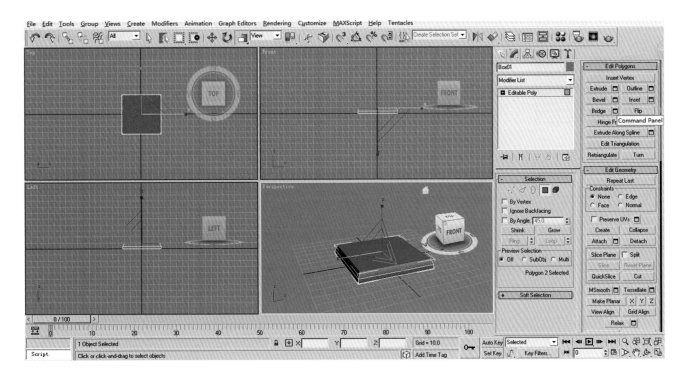

图 7-8　古钟楼制作步骤 8

再新建一个"Box"，使用快捷键 R 键将"Box"调整至合适大小，如图 7-9 所示。右键选择"Convert to Editable Poly"（转换为可编辑多边形），进入面层级，将多余的面删除，如图 7-10 所示。

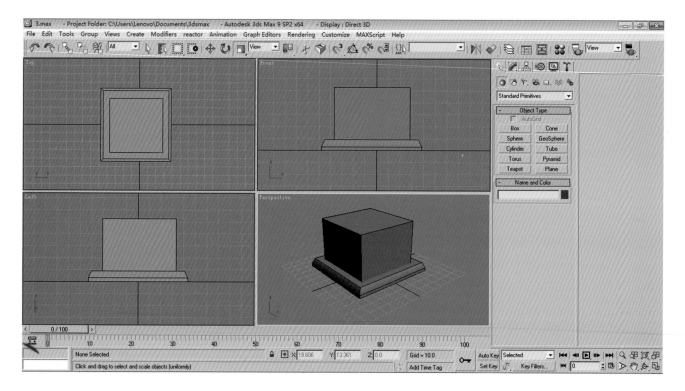

图 7-9　古钟楼制作步骤 9

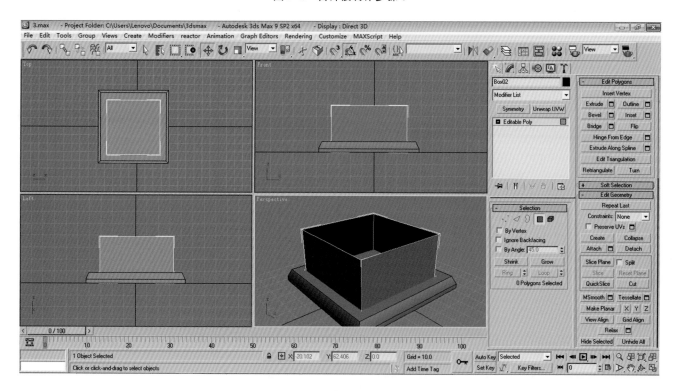

图 7-10　古钟楼制作步骤 10

　　进入线层级，如图 7-11 所示，按快捷键 "Alt+C" 为模型加线。再进入点层级，如图 7-12 所示，拉出房子形状。

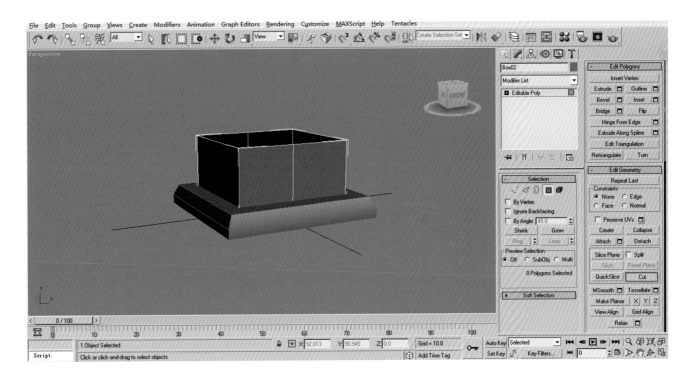

图 7-11　古钟楼制作步骤 11

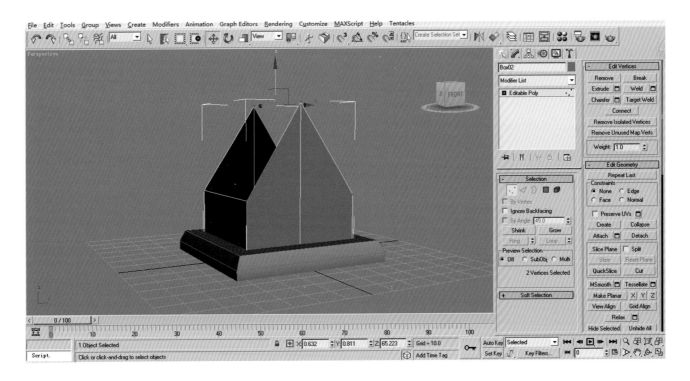

图 7-12　古钟楼制作步骤 12

进入面层级，将房子的一半进行删除，如图 7-13 和图 7-14 所示。

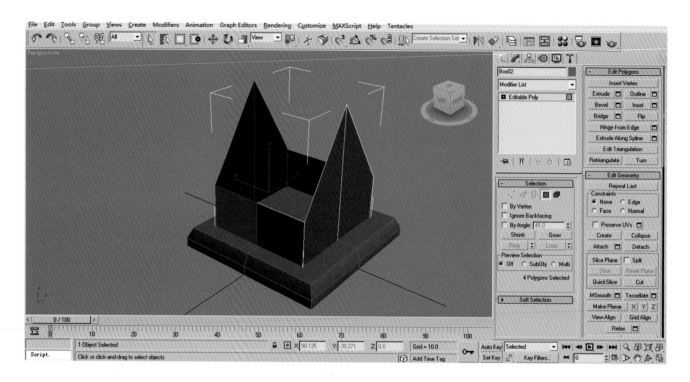

图 7-13　古钟楼制作步骤 13

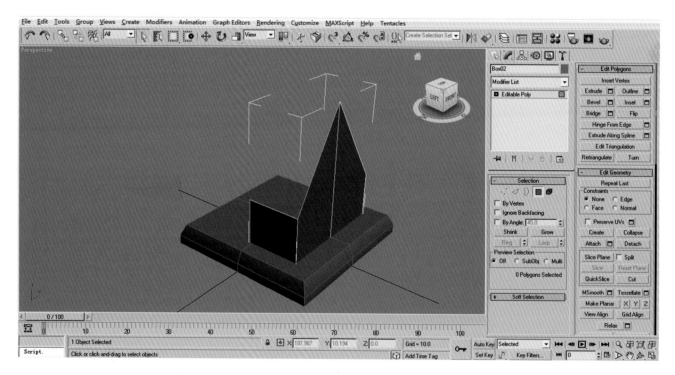

图 7-14　古钟楼制作步骤 14

选中模型，单击工具栏右侧的快捷键，选择"Instance"镜像复制，如图 7-15 所示。

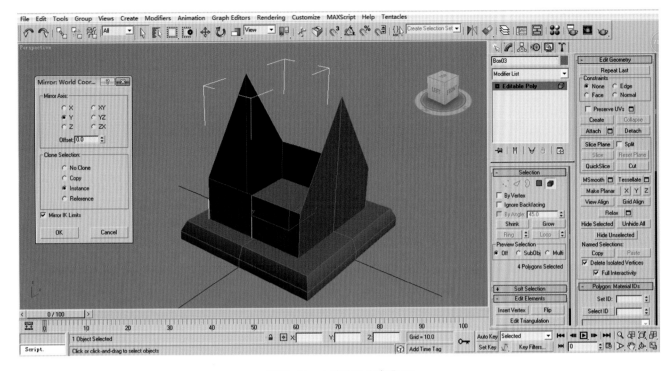

图 7–15　古钟楼制作步骤 15

注：设置时需注意所需复制的轴向。

新建"Box"，使用快捷键 R 键将"Box"调整至合适大小，如图 7–16 所示。右键选择"Convert to Editable Poly"（转换为可编辑多边形）。

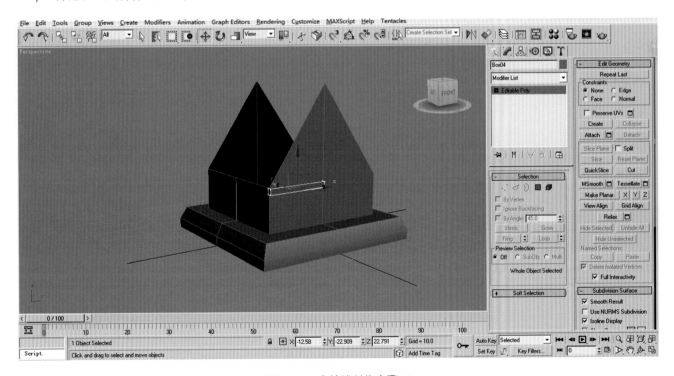

图 7–16　古钟楼制作步骤 16

再新建一个"Box"，使用快捷键 R 键将"Box"调整至合适大小，如图 7–17 所示。右键选择"Convert to Editable Poly"（转换为可编辑多边形），并将多余的面删除。

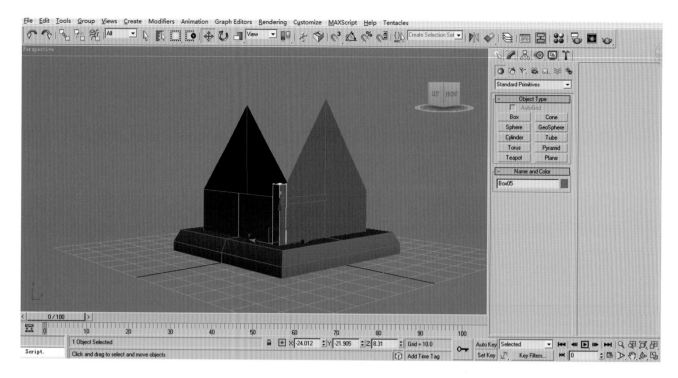

图 7-17　古钟楼制作步骤 17

　　继续新建"Box"，使用快捷键 R 键将"Box"调整至合适大小，如图 7-18 所示。右键选择"Convert to Editable Poly"（转换为可编辑多边形），并将多余的面删除。

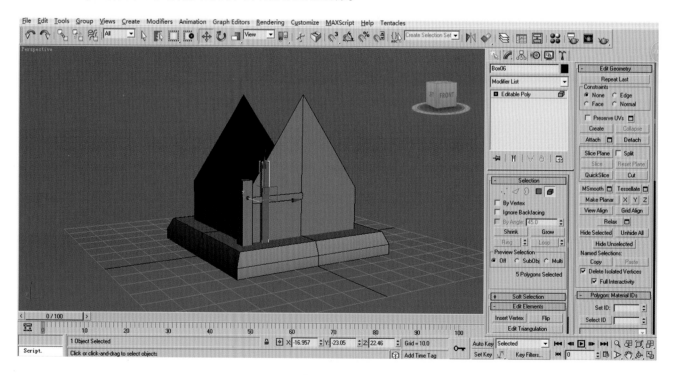

图 7-18　古钟楼制作步骤 18

　　继续新建"Box"，使用快捷键 R 键将"Box"调整至合适大小，右键选择"Convert to Editable Poly"（转换为可编辑多边形），并将多余的面删除，如图 7-19 所示。进入线层级，选取竖向 4 根线条，单击右侧的"Connect"为其加两圈线，并进入点层级进行微调，如图 7-20 和图 7-21 所示。

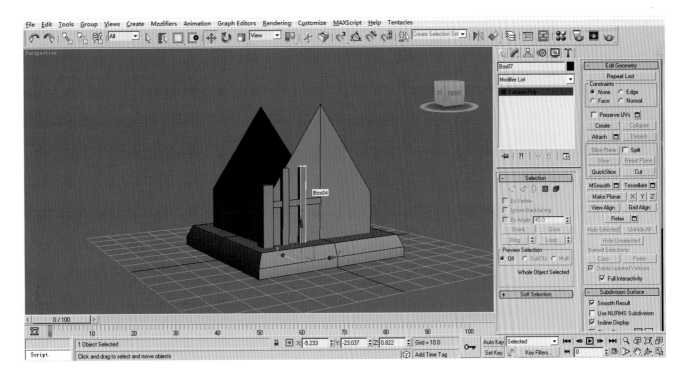

图 7-19 古钟楼制作步骤 19

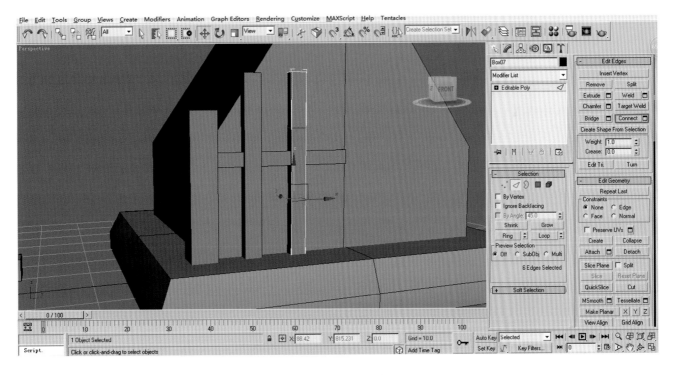

图 7-20 古钟楼制作步骤 20

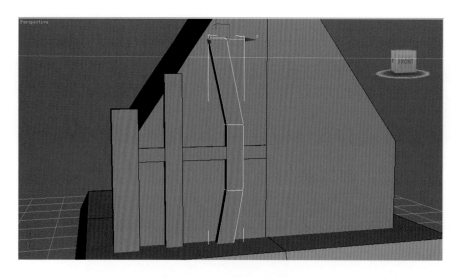

图 7-21　古钟楼制作步骤 21

　　新建 "Box"，使用快捷键 R 键将 "Box" 调整至合适大小，右键选择 "Convert to Editable Poly"（转换为可编辑多边形），并将多余的面删除，如图 7-22 所示。选中 "Box"，按住快捷键 Shift 向右进行复制，并单击 "OK" 按钮，复制完成，如图 7-23 所示。

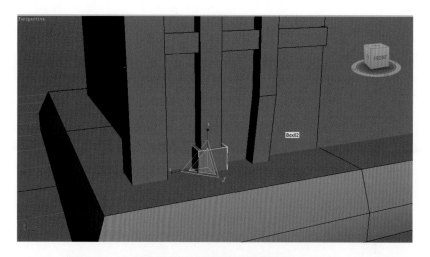

图 7-22　古钟楼制作步骤 22

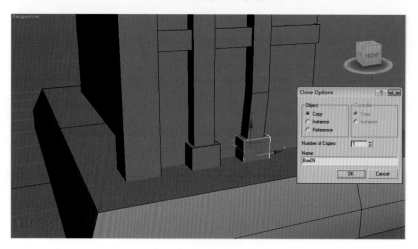

图 7-23　古钟楼制作步骤 23

选中房子主体模型，进入线层级，按快捷键"Alt+C"为其加线，如图 7-24 所示。

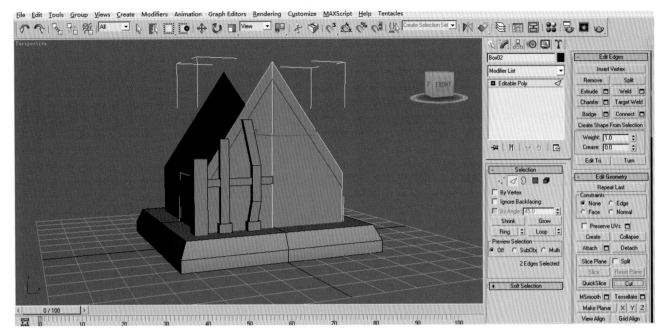

图 7-24　古钟楼制作步骤 24

进入面层级，选中需要挤压的面，在右侧面板中选中"Extrude"，进行挤压，如图 7-25 所示。

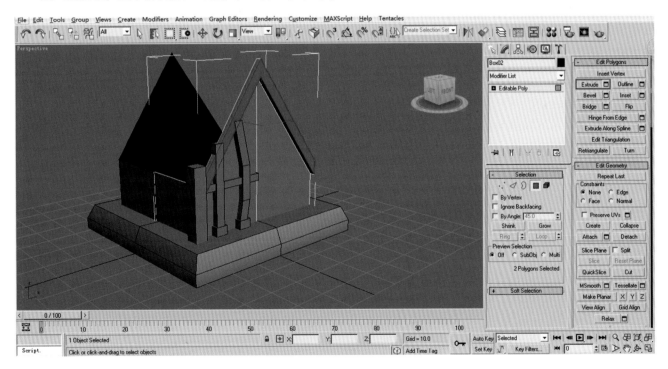

图 7-25　古钟楼制作步骤 25

由于本场景的房子是对称的，可以镜像进行制作，进入面层级，选中房子的右边，将其删除，如图 7-26 和图 7-27 所示。

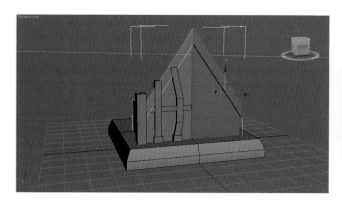

图 7-26　古钟楼制作步骤 26

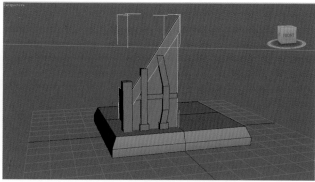

图 7-27　古钟楼制作步骤 27

　　选中需要镜像的房子，在工具栏右上方可以找到镜像工具 ，单击并弹出镜像设置窗口，如图 7-28 和图 7-29 所示。

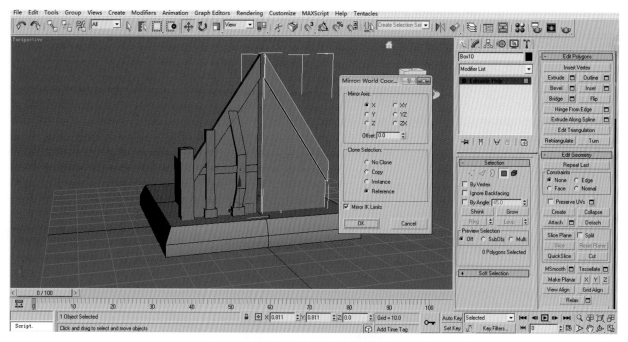

图 7-28　古钟楼制作步骤 28

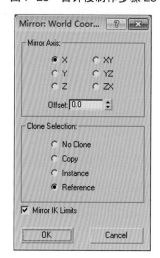

图 7-29　古钟楼制作步骤 29

现在制作的时候，刚刚镜像的模型就可以同步进行制作了。选中模型，进入线层级，按快捷键"Alt+C"为模型加线，如图 7-30 和图 7-31 所示。

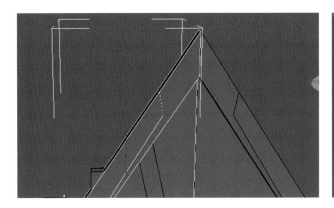

图 7-30　古钟楼制作步骤 30

图 7-31　古钟楼制作步骤 31

进入点层级，对房子的造型进行微调，如图 7-32 所示。

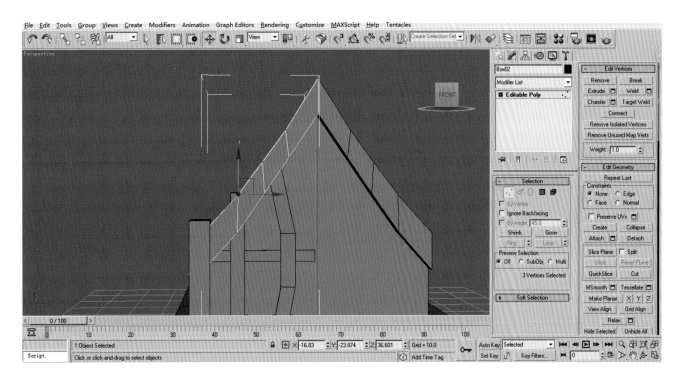

图 7-32　古钟楼制作步骤 32

进入线层级，选取需要挤压的线，在右侧面板中选中"Extrude"，进行挤压，如图 7-33 所示。一共需要挤压 3 次，并对其造型进行调整，如图 7-34 至图 7-37 所示。

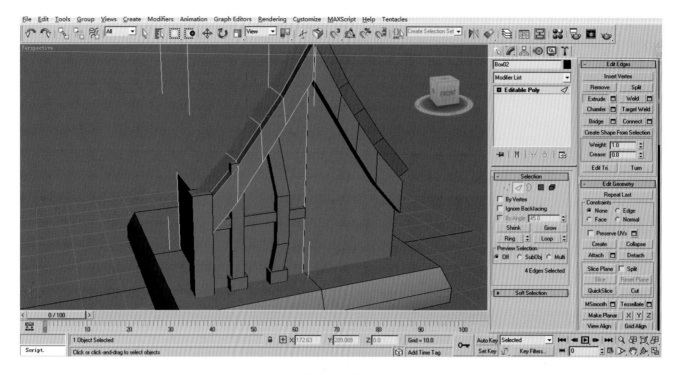

图 7-33　古钟楼制作步骤 33

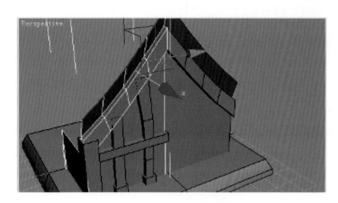

图 7-34　古钟楼制作步骤 34

图 7-35　古钟楼制作步骤 35

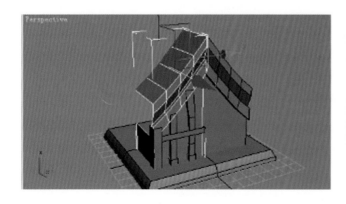

图 7-36　古钟楼制作步骤 36

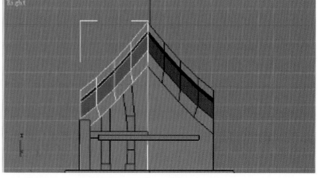

图 7-37　古钟楼制作步骤 37

　　选中房子主体模型，进入线层级，按快捷键"Alt+C"为其加线，再进入点层级，对其进行调整以达到所需要的效果，如图 7-38 所示。

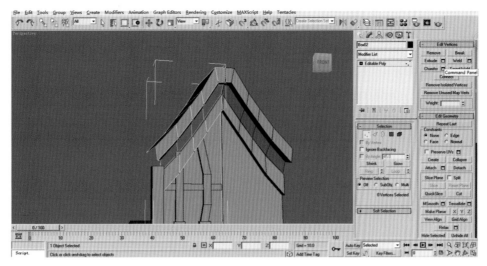

图 7-38　古钟楼制作步骤 38

新建 "Box"，使用快捷键 R 键将 "Box" 调整至合适大小，右键选择 "Convert to Editable Poly"（转换为可编辑多边形），如图 7-39 和图 7-40 所示。再新建一个 "Box"，使用快捷键 R 键将 "Box" 调整至合适大小，右键选择 "Convert to Editable Poly"（转换为可编辑多边形），如图 7-41 所示。

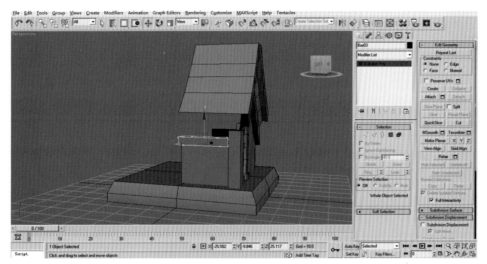

图 7-39　古钟楼制作步骤 39

图 7-40　古钟楼制作步骤 40

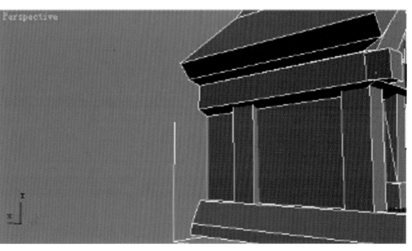

图 7-41　古钟楼制作步骤 41

选中屋顶，将顶面删除，并进入线层级，在右侧面板中选中"Extrude"向上进行挤压，如图 7-42 所示。并进入点层级，对其造型进行微调，如图 7-43 所示。注意布线的合理性。

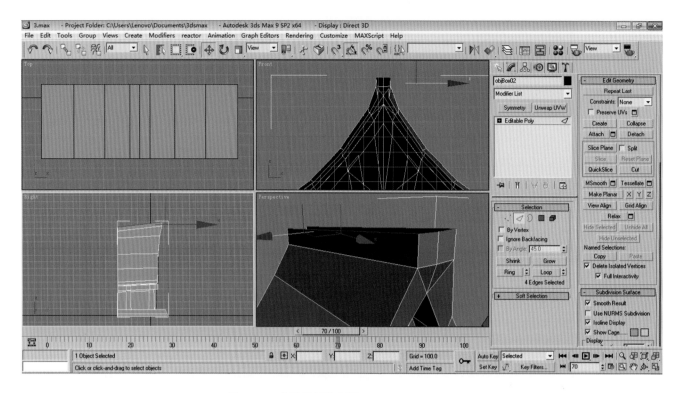

图 7-42　古钟楼制作步骤 42

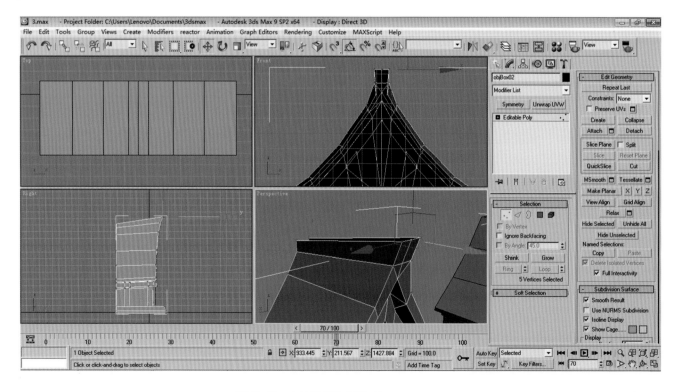

图 7-43　古钟楼制作步骤 43

进入线层级，在右侧面板中选中"Extrude"并向上进行挤压，如图 7-44 所示。进入点层级，对其进行微调，如图 7-45 所示。

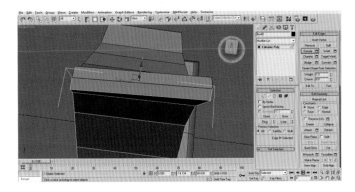

图 7-44　古钟楼制作步骤 44

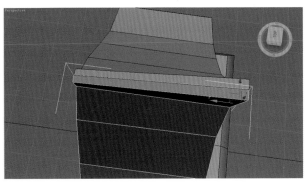

图 7-45　古钟楼制作步骤 45

进入线层级，按快捷键"Alt+C"为其加线，并进入点层级对其造型进行调整，如图 7-46 所示。再进入线层级，按快捷键"Alt+C"为其加线，如图 7-47 所示。

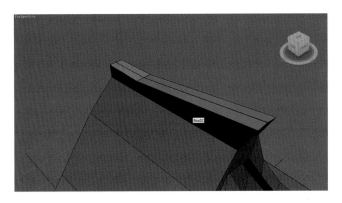

图 7-46　古钟楼制作步骤 46

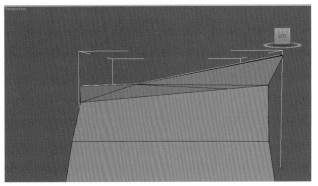

图 7-47　古钟楼制作步骤 47

进入线层级，按快捷键"Alt+C"为其加线，并进入点层级对其造型进行调整，如图 7-48 所示。进入面层级，把多余的面删除，其他的模型根据房屋的造型进行调整，如图 7-49 所示。

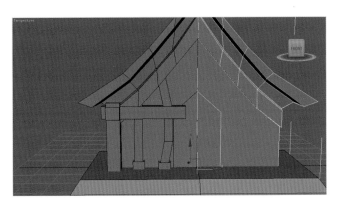

图 7-48　古钟楼制作步骤 48

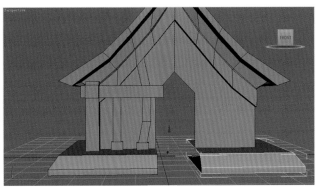

图 7-49　古钟楼制作步骤 49

选中柱子，进入线层级，为其加线，并对点进行调整，镜像复制，如图 7-50 所示。

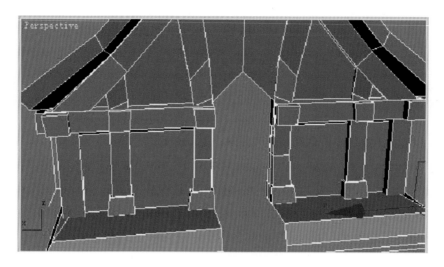

图 7-50　古钟楼制作步骤 50

门的大致位置已经出来了，现在对门进行细化制作。进入线层级，在右侧面板中选中"Extrude"向前进行挤压，如图 7-51 所示。再单击"Extrude"，继续向下进行挤压，如图 7-52 所示。

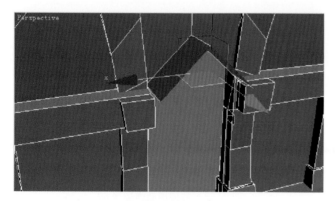

图 7-51　古钟楼制作步骤 51

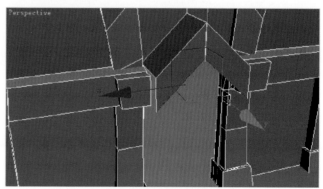

图 7-52　古钟楼制作步骤 52

单击"Extrude"，向内进行挤压后，再向下进行挤压，如图 7-53 所示。

图 7-53　古钟楼制作步骤 53

单击"Extrude"进行挤压，如图 7-54 所示。

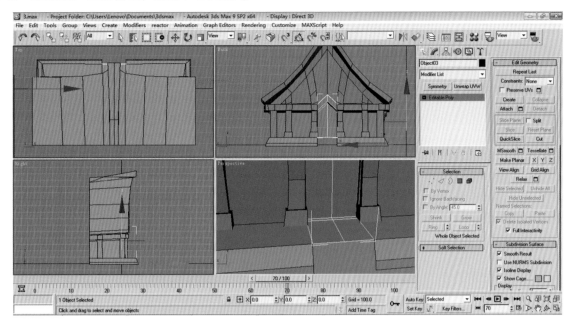

图 7-54　古钟楼制作步骤 54

新建"Box"，使用快捷键 R 键将"Box"调整至合适大小，右键选择"Convert to Editable Poly"（转换为可编辑多边形），删除多余的面，如图 7-55 所示。按住快捷键 Shift 键进行复制，如图 7-56 所示。

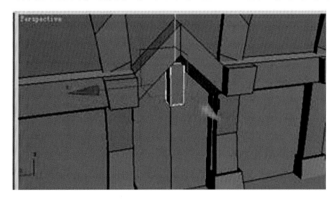

图 7-55　古钟楼制作步骤 55

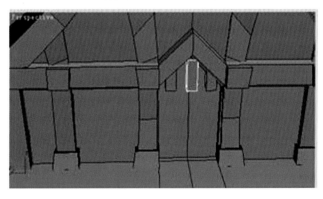

图 7-56　古钟楼制作步骤 56

再新建一个"Box"，使用快捷键 R 键将"Box"调整至合适大小，右键选择"Convert to Editable Poly"（转换为可编辑多边形），删除多余的面，如图 7-57 所示。选中横向的 4 条线，单击右侧的"Connect"为其加一圈线，再进入点层级对点进行调整，以达到所需要的效果，如图 7-58 所示。

图 7-57　古钟楼制作步骤 57

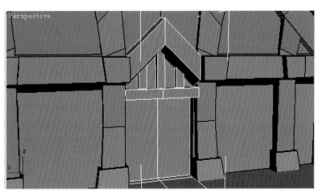

图 7-58　古钟楼制作步骤 58

进入线层级来制作楼梯，选中需要挤压的线条，在右侧面板中选中"Extrude"，向下进行挤压，如图 7-59 所示。再进入线层级，对其反复进行挤压，制作出楼梯的形状，如图 7-60 所示。

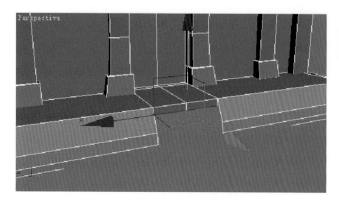

图 7-59　古钟楼制作步骤 59

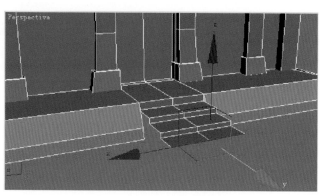

图 7-60　古钟楼制作步骤 60

楼梯最终效果，如图 7-61 所示。

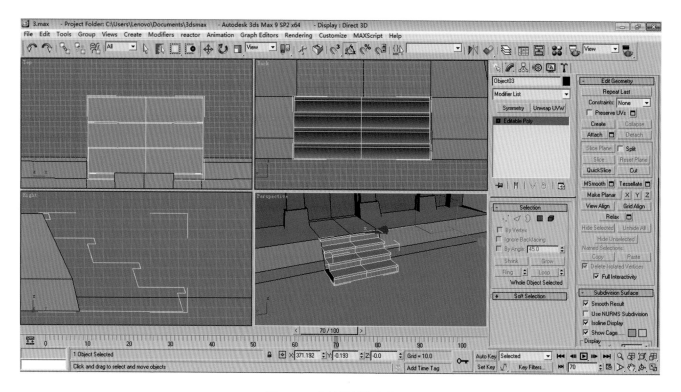

图 7-61　古钟楼制作步骤 61

新建"Box"，使用快捷键 R 键将"Box"调整至合适大小，右键选择"Convert to Editable Poly"（转换为可编辑多边形），删除多余的面。进入线层级，选中横向的 4 条线，单击右侧的"Connect"为其加一圈线，再进入点层级对点进行调整，以达到所需要的效果，如图 7-62 所示。

进入线层级，选中需要挤压的线条，在右侧面板中选中"Extrude"，向下进行挤压，并进入点层级，对点进行调整，以达到所需要的效果，如图 7-63 所示。

新建一个"Box"，使用快捷键 R 键将"Box"调整至合适大小，右键选择"Convert to Editable Poly"（转换为可编辑多边形），删除多余的面，如图 7-64 所示。进入面层级，在右侧面板中选中"Extrude"，向上进行挤压，如图 7-65 所示。再进入面层级，在右侧面板中选中"Extrude"，向上进行挤压，如图 7-66 所示。

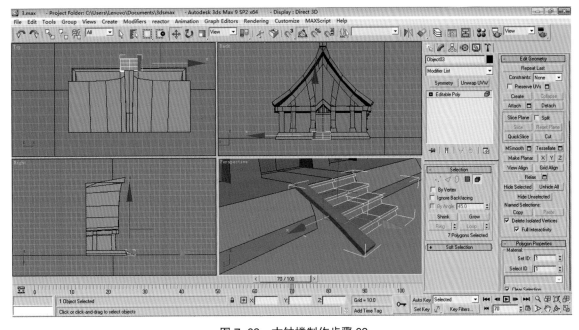

图 7-62 古钟楼制作步骤 62

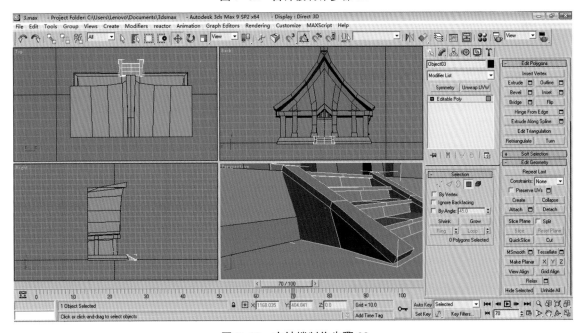

图 7-63 古钟楼制作步骤 63

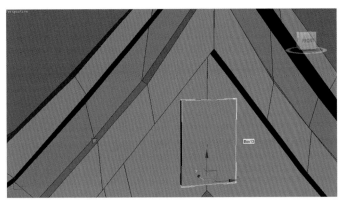

图 7-64 古钟楼制作步骤 64

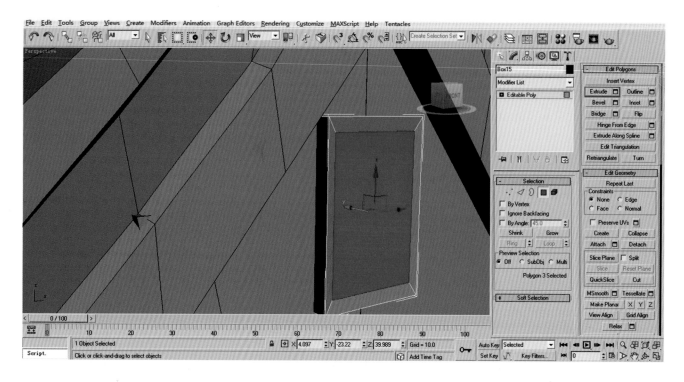

图 7-65　古钟楼制作步骤 65

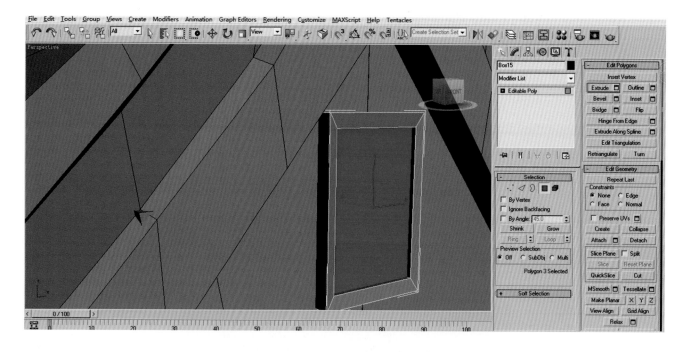

图 7-66　古钟楼制作步骤 66

　　为房子制作栏杆。新建一个"Box"，使用快捷键 R 键将"Box"调整至合适大小，右键选择"Convert to Editable Poly"（转换为可编辑多边形），进入线层级，选中横向的 4 条线，单击右侧的"Connect"为其加一圈线，如图 7-67 所示。再新建一个"Box"，使用快捷键 R 键将"Box"调整至合适大小，右键选择"Convert to Editable Poly"（转换为可编辑多边形），将多余的面删除，如图 7-68 所示。

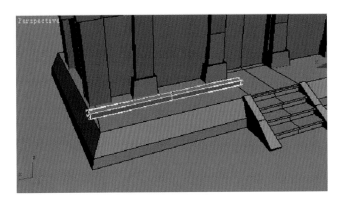

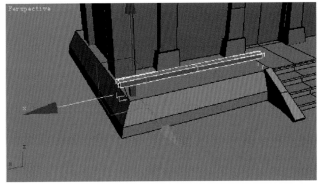

图 7-67　古钟楼制作步骤 67　　　　　　　　图 7-68　古钟楼制作步骤 68

将刚刚制作的栏杆柱子选中，按住快捷键 Shift 键进行复制，如图 7-69 所示。

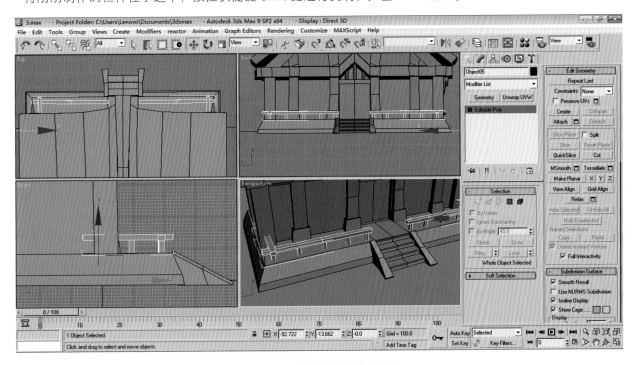

图 7-69　古钟楼制作步骤 69

新建"Box"，使用快捷键 R 键将"Box"调整至合适大小，右键选择"Convert to Editable Poly"（转换为可编辑多边形），如图 7-70 所示。选中"Box"，按住快捷键 Shift 键对其进行复制，摆放至合适位置，如图 7-71 所示。

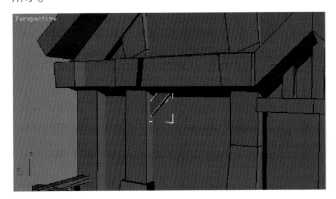

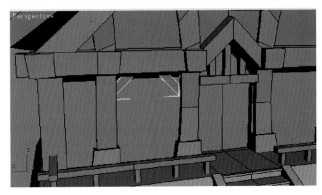

图 7-70　古钟楼制作步骤 70　　　　　　　　图 7-71　古钟楼制作步骤 71

制作窗户。首先新建"Box",使用快捷键 R 键将"Box"调整至合适大小,右键选择"Convert to Editable Poly"(转换为可编辑多边形),并将多余的面删除。再进入线层级,按快捷键"Alt+C",为其加线,并对其造型进行调整,以达到所需要窗檐的形状,如图 7-72 所示。

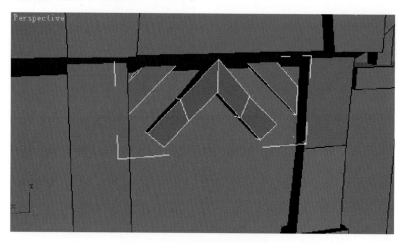

图 7-72 古钟楼制作步骤 72

再新建一个"Box",使用快捷键 R 键将"Box"调整至合适大小,右键选择"Convert to Editable Poly"(转换为可编辑多边形),并将多余的面删除,如图 7-73 所示。再新建"Box",将"Box"调整至合适大小,右键选择"Convert to Editable Poly"(转换为可编辑多边形),并将多余的面删除,如图 7-74 所示。

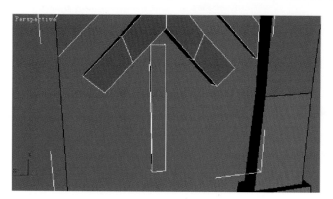

图 7-73 古钟楼制作步骤 73

图 7-74 古钟楼制作步骤 74

继续新建"Box",使用快捷键 R 键将"Box"调整至合适大小,右键选择"Convert to Editable Poly"(转换为可编辑多边形),如图 7-75 所示。在右侧面板中选中"Extrude",多次对其进行挤压,并进入点层级,对其造型进行调整,以达到所需要的效果,如图 7-76 所示。最终窗户效果,如图 7-77 所示。

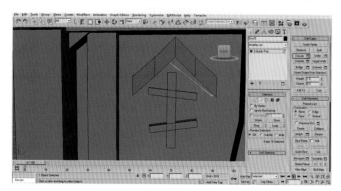

图 7-75 古钟楼制作步骤 75

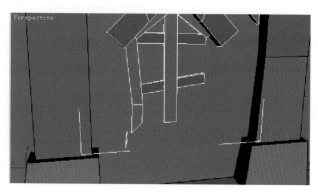

图 7-76 古钟楼制作步骤 76

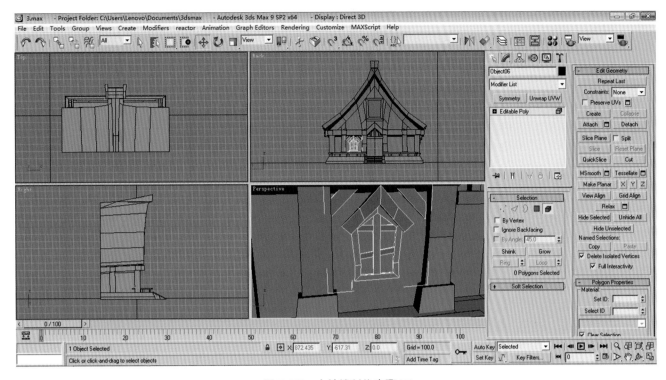

图 7-77　古钟楼制作步骤 77

　　制作窗台，继续新建"Box"，使用快捷键 R 键将"Box"调整至合适大小，右键选择"Convert to Editable Poly"（转换为可编辑多边形），并将多余的面删除，如图 7-78 所示。

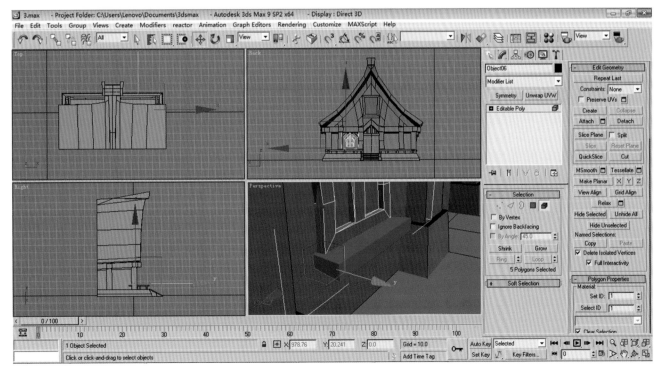

图 7-78　古钟楼制作步骤 78

　　新建"Box"，使用快捷键 R 键将"Box"调整至合适大小，右键选择"Convert to Editable Poly"（转换为可编辑多边形），进入线层级，单击右侧工具栏中"Weld"，将多余的点合并，并按快捷键 Shift 键进行复制，如图 7-79 所示。

图 7-79　古钟楼制作步骤 79

　　选中整个窗户，按住快捷键 Shift 键进行复制，如图 7-80 所示。选中所有物体，单击窗口顶部菜单栏"Group"进入下拉菜单，单击"Group"，进行打组，如图 7-81 所示。

图 7-80　古钟楼制作步骤 80

图 7-81　古钟楼制作步骤 81

　　选中模型，在工具栏内找到 镜像工具，进行复制，如图 7-82 和图 7-83 所示。

图 7-82　古钟楼制作步骤 82

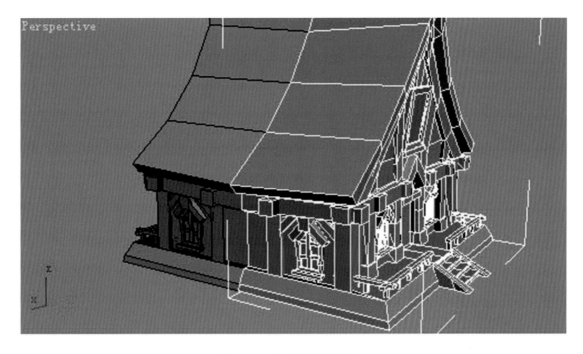

图 7-83　古钟楼制作步骤 83

选中所有物体，单击菜单栏中的"Group"，进入下拉菜单，单击"Group"，再次进行打组，并按住快捷键
Shift 键向右进行复制，如图 7-84 所示。

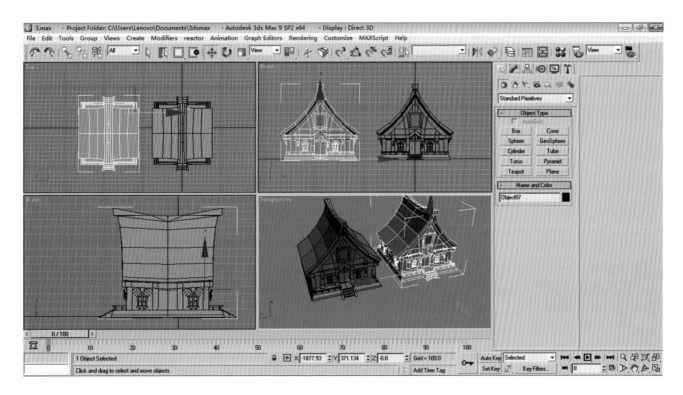

图 7-84　古钟楼制作步骤 84

选中复制的房子模型，按快捷键 R 键对其进行调整，使它比之前制作的房子小一些，并按快捷键 E 键进行 90
度旋转，如图 7-85 和图 7-86 所示。

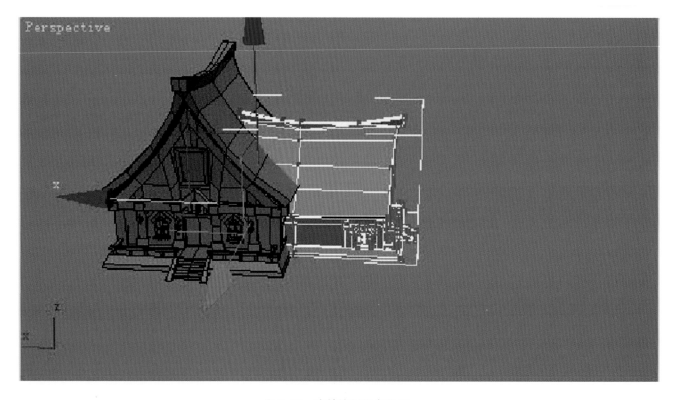

图 7-85　古钟楼制作步骤 85

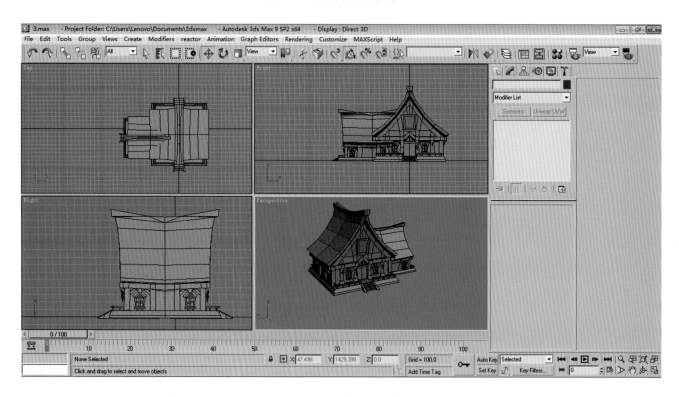

图 7-86　古钟楼制作步骤 86

　　为大房子制作烟囱。新建一个"Box"，使用快捷键 R 键将"Box"调整至合适大小，右键选择"Convert to Editable Poly"（转换为可编辑多边形），进入面层级，将顶部和底部多余的面删除，并进入点层级，对其顶部的造型进行微调，如图 7-87 所示。

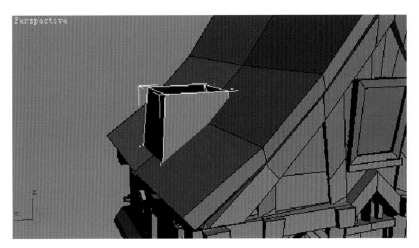

图 7-87　古钟楼制作步骤 87

进入线层级，在右侧面板中选中"Extrude"，向上进行挤压，如图 7-88 所示。继续单击"Extrude"进行多次挤压，如图 7-89 至图 7-91 所示。

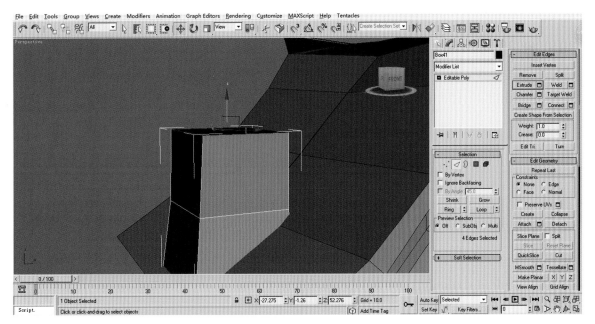

图 7-88　古钟楼制作步骤 88

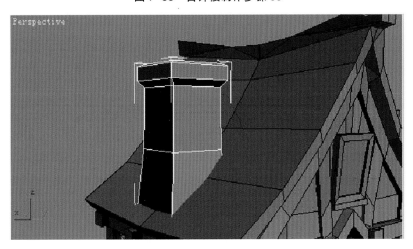

图 7-89　古钟楼制作步骤 89

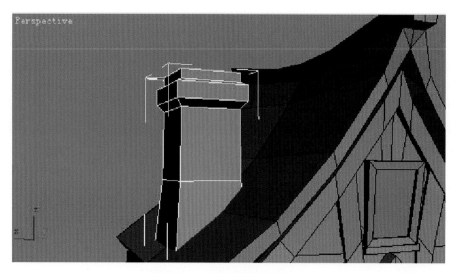

图 7-90 古钟楼制作步骤 90

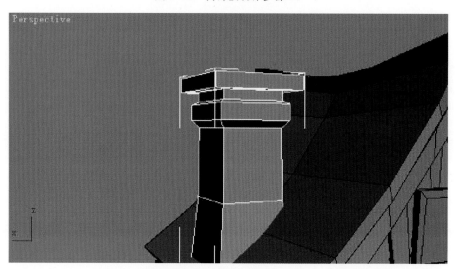

图 7-91 古钟楼制作步骤 91

　　进入线层级，选中需要挤压的线，单击右侧工具栏中"Extrude"进行挤压，如图 7-92 所示。选中需要合并的点，单击右侧工具栏中"Weld"进行合并，如图 7-93 所示。

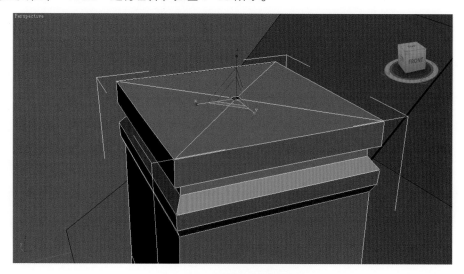

图 7-92 古钟楼制作步骤 92

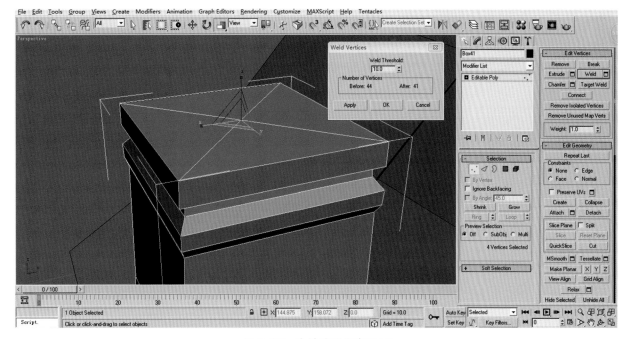

图 7-93　古钟楼制作步骤 93

新建一个"Box"，使用快捷键 R 键将"Box"调整至合适大小，右键选择"Convert to Editable Poly"（转换为可编辑多边形），进入面层级，将左右两边多余的面删除，如图 7-94 所示。

图 7-94　古钟楼制作步骤 94

新建"Box"，使用快捷键 R 键将"Box"调整至合适大小，右键选择"Convert to Editable Poly"（转换为可编辑多边形），进入线层级，选取竖向 4 根线条，单击右侧的"Connect"为其加一圈线，并进入点层级对其造型进行调整，再进入面层级，将上下两个多余的面删除，如图 7-95 所示。按住 Shift 键对其进行复制，如图 7-96 所示。

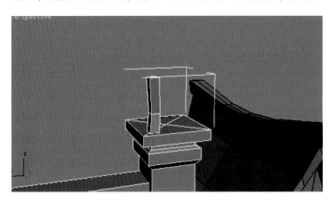

图 7-95　古钟楼制作步骤 95

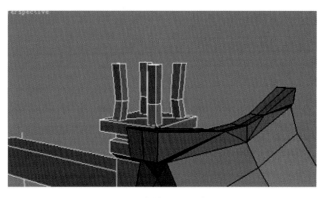

图 7-96　古钟楼制作步骤 96

新建"Box"，使用快捷键 R 键将"Box"调整至合适大小，右键选择"Convert to Editable Poly"（转换为可编辑多边形），进入面层级，将上下两个多余的面删除，如图 7-97 所示。按住 Shift 键对其进行复制，如图 7-98 所示。

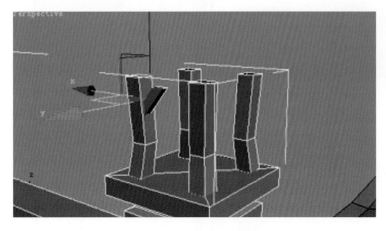

图 7-97 古钟楼制作步骤 97

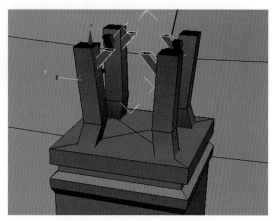

图 7-98 古钟楼制作步骤 98

新建"Box"，使用快捷键 R 键将"Box"调整至合适大小，右键选择"Convert to Editable Poly"（转换为可编辑多边形），进入点层级，对其进行调整，再进入面层级，将顶面删除，如图 7-99 所示。进入线层级，选中需要挤压的线，单击右侧工具栏中的"Extrude"，向上进行挤压，如图 7-100 所示。

图 7-99 古钟楼制作步骤 99

图 7-100 古钟楼制作步骤 100

进入线层级，选中需要挤压的线，单击右侧工具栏中的"Extrude"对其进行多次挤压，详细的步骤如图 7-101 至图 7-107 所示。

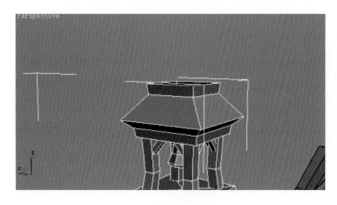

图 7-101 古钟楼制作步骤 101

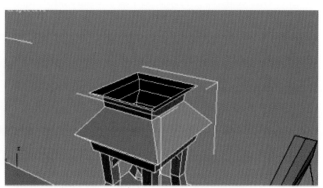

图 7-102 古钟楼制作步骤 102

图 7-103　古钟楼制作步骤 103

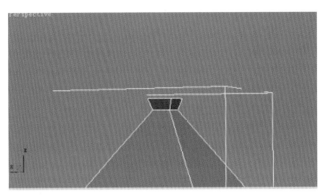

图 7-104　古钟楼制作步骤 104

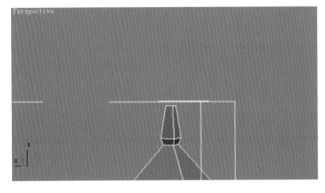

图 7-105　古钟楼制作步骤 105

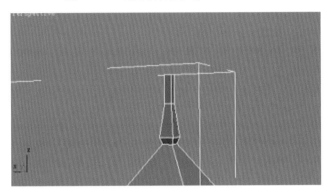

图 7-106　古钟楼制作步骤 106

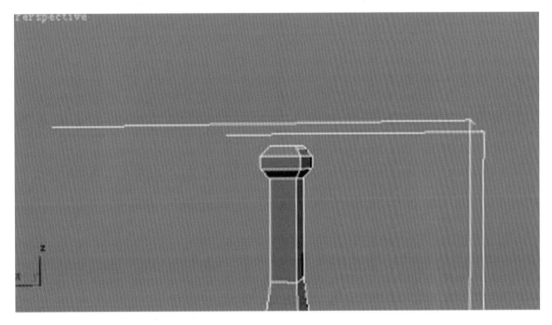

图 7-107　古钟楼制作步骤 107

　　新建一个 "Tube"，注意调整 "Parameters" 参数，如图 7-108 所示。进入线层级，对外面 2 圈线进行调整，如图 7-109 所示。

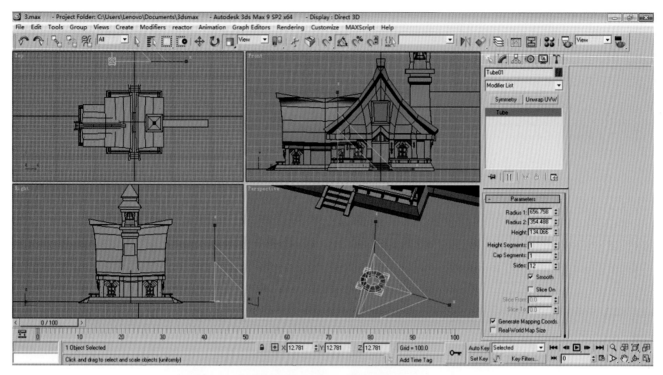

图 7-108　古钟楼制作步骤 108

图 7-109　古钟楼制作步骤 109

新建一个"Plane"，注意调整"Parameters"参数，"Length segs"为 1，"Width segs"为 1。使用快捷键 R 键将"Box"调整至合适大小，右键选择"Convert to Editable Poly"（转换为可编辑多边形），如图 7-110 所示。进入线层级，对其进行挤压，单击右侧工具栏中的"Extrude"，对其进行多次挤压，如图 7-111 所示。完成上述步骤后，将该面剩余的 3 条边都进行图 7-111 所示的步骤，最终效果如图 7-112 所示。

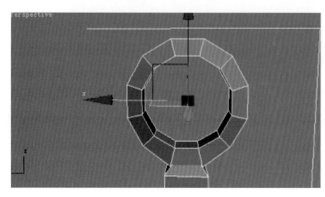

图 7-110　古钟楼制作步骤 110

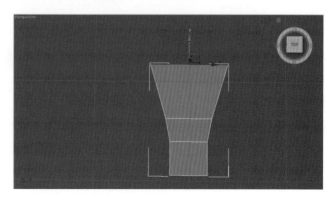

图 7-111　古钟楼制作步骤 111

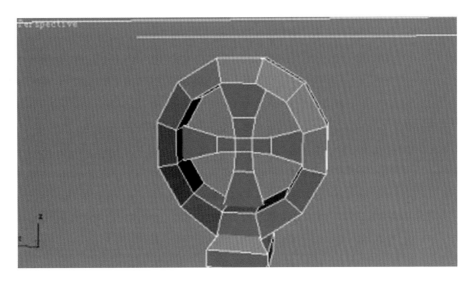

图 7-112　古钟楼制作步骤 112

　　新建 "Box"，使用快捷键 R 键将 "Box" 调整至合适大小，右键选择 "Convert to Editable Poly"（转换为可编辑多边形），进入面层级，将上下多余的面删除，再进入点层级，对其造型进行修改，以达到所需要的效果，如图 7-113 所示。进入线层级，选中上方四条线，单击右侧工具栏中 "Extrude" 对其进行挤压，进入点层级对其进行调整，如图 7-114 所示。

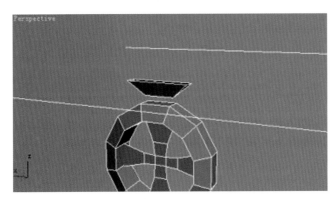

图 7-113　古钟楼制作步骤 113

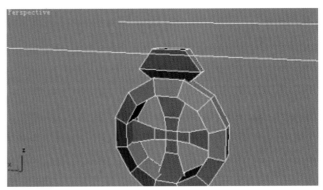

图 7-114　古钟楼制作步骤 114

　　进入点层级，选中需要挤压的线，如图 7-115 所示。单击右侧工具栏中的 "Extrude"，对其进行多次挤压，进入点层级，对其进行调整，并将多余的点合并，具体步骤如图 7-116 至图 7-118 所示。最后选择制作完成的物体，按住快捷键 Shift 键进行复制，如图 7-119 所示。

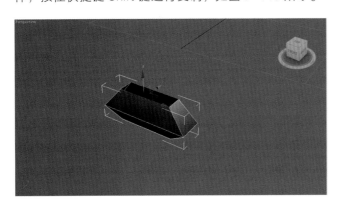

图 7-115　古钟楼制作步骤 115

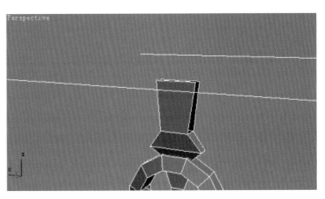

图 7-116　古钟楼制作步骤 116

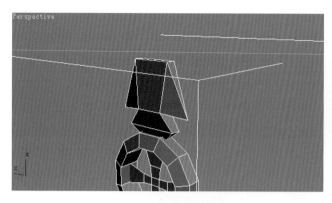

图 7-117　古钟楼制作步骤 117

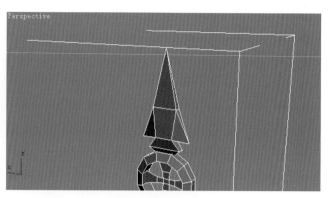

图 7-118　古钟楼制作步骤 118

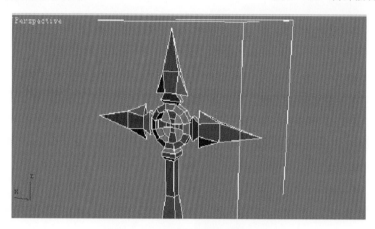

图 7-119　古钟楼制作步骤 119

新建一个"Tube"，注意调整"Parameters"参数，如图 7-120 所示。右键选择"Convert to Editable Poly"（转换为可编辑多边形），进入面层级，将多余的面删除，如图 7-121 所示。再进入点层级，对其造型进行调整，以达到所需要的效果，如图 7-122 所示。

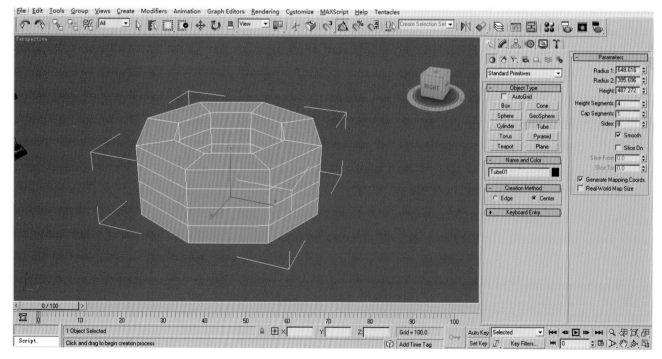

图 7-120　古钟楼制作步骤 120

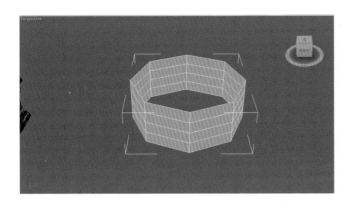

图 7-121　古钟楼制作步骤 121

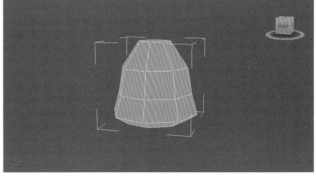

图 7-122　古钟楼制作步骤 122

新建 "Box"，使用快捷键 R 键将 "Box" 调整至合适大小，右键选择 "Convert to Editable Poly"（转换为可编辑多边形），进入面层级，将顶面多余的面删除，并进入线层级，按快捷键 "Alt+C"，为其加线，如图 7-123 所示。再进入点层级，对其造型进行调整，如图 7-124 所示。最后将改好的模型移动至所需地方，如图 7-125 所示。

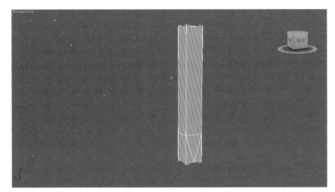

图 7-123　古钟楼制作步骤 123

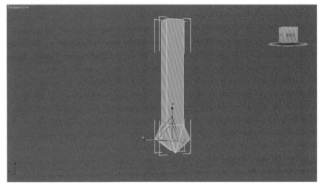

图 7-124　古钟楼制作步骤 124

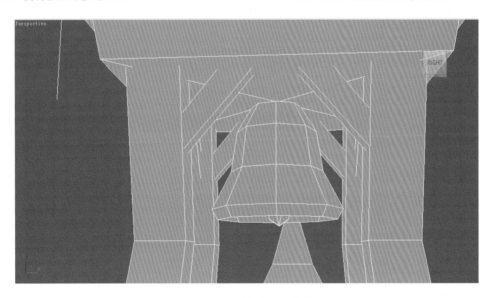

图 7-125　古钟楼制作步骤 125

制作钟楼。新建 "Box"，使用快捷键 R 键将 "Box" 调整至合适大小，右键选择 "Convert to Editable Poly"（转换为可编辑多边形），进入面层级，将上下多余的面删除，再进入点层级，对其造型进行修改，以达到所需要的效果，如图 7-126 所示。

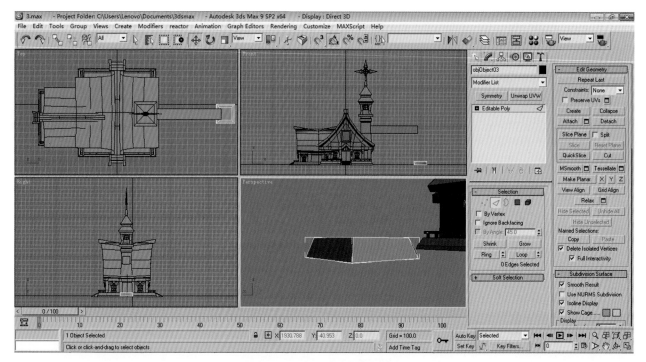

图 7-126　古钟楼制作步骤 126

　　进入线层级，并选中竖向的 4 条线，单击右侧的 "Connect" 为其加一圈线，再进入点层级，对点进行调整，以达到所需要的效果，如图 7-127 所示。选中上方的 4 条线，单击右侧工具栏中的 "Extrude"，对其进行挤压，如图 7-128 所示。

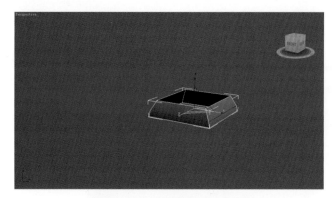

图 7-127　古钟楼制作步骤 127

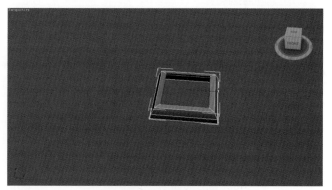

图 7-128　古钟楼制作步骤 128

　　继续选中线条，单击右侧工具栏中的 "Extrude"，对其进行多次挤压，如图 7-129 至图 7-131 所示。

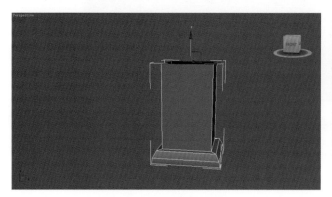

图 7-129　古钟楼制作步骤 129

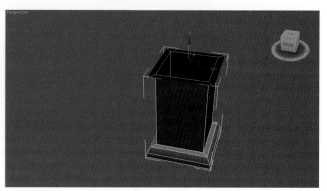

图 7-130　古钟楼制作步骤 130

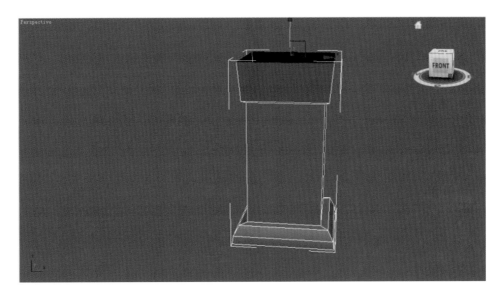

图 7-131　古钟楼制作步骤 131

选中竖向的 4 条线，单击右侧的 "Connect" 为其加 2 圈线，如图 7-132 所示，再进入点层级，对点进行调整，以达到所需要的效果，如图 7-133 所示。

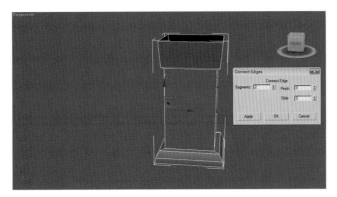

图 7-132　古钟楼制作步骤 132

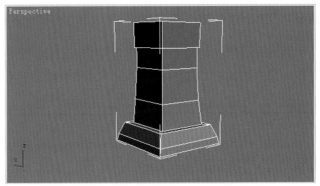

图 7-133　古钟楼制作步骤 133

新建 "Box"，使用快捷键 R 键将 "Box" 调整至合适大小，右键选择 "Convert to Editable Poly"（转换为可编辑多边形），并进入面层级，将上下多余的面删掉，如图 7-134 所示。进入线层级，选中竖向的 4 条线，单击右侧的 "Connect" 为其加 3 圈线，如图 7-135 所示，再进入点层级，对点进行调整，以达到所需要的效果，如图 7-136 所示。选中物体，按住快捷键 Shift 键进行复制，如图 7-137 所示。

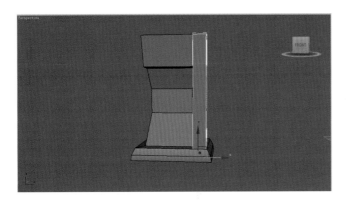

图 7-134　古钟楼制作步骤 134

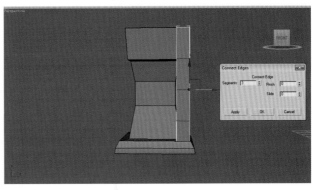

图 7-135　古钟楼制作步骤 135

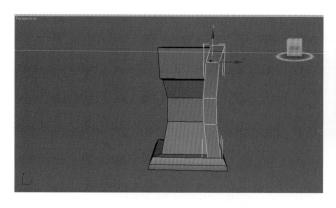

图 7-136 古钟楼制作步骤 136

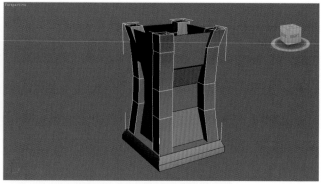

图 7-137 古钟楼制作步骤 137

再新建"Box"，使用快捷键 R 键将"Box"调整至合适大小，右键选择"Convert to Editable Poly"（转换为可编辑多边形），并按住快捷键 Shift 键进行复制，如图 7-138 所示。

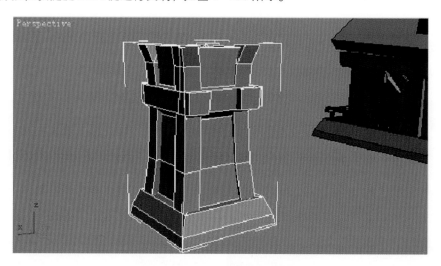

图 7-138 古钟楼制作步骤 138

新建"Box"，使用快捷键 R 键将"Box"调整至合适大小，右键选择"Convert to Editable Poly"（转换为可编辑多边形），删除背后多余的面，并进入点层级，为其调整形状，如图 7-139 所示。进入面层级，在右侧面板中选中"Extrude"，向上进行挤压，再进入面层级，在右侧面板中选中"Extrude"，向上进行挤压，如图 7-140 所示。

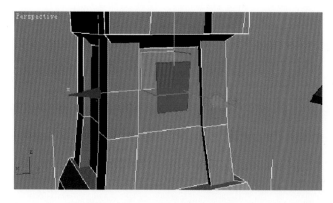

图 7-139 古钟楼制作步骤 139

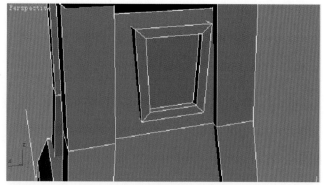

图 7-140 古钟楼制作步骤 140

新建"Box"，使用快捷键 R 键将"Box"调整至合适大小，右键选择"Convert to Editable Poly"（转换为可编辑多边形），删除背后多余的面，并进入点层级，为其调整形状，如图 7-141 所示。

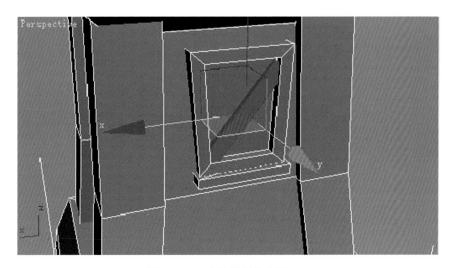

图 7-141　古钟楼制作步骤 141

　　选中图 7-127 至图 7-141 所制作的所有物体，单击菜单栏中的 "Group"，进入下拉菜单，单击 "Group"，进行打组，并按住快捷键 Shift 键向上进行复制，如图 7-142 所示。

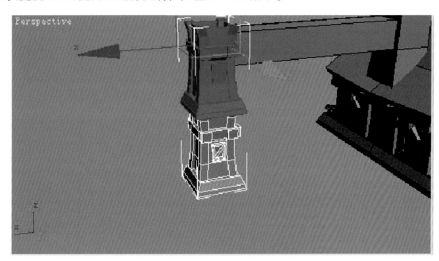

图 7-142　古钟楼制作步骤 142

　　新建 "Box"，使用快捷键 R 键将 "Box" 调整至合适大小，右键选择 "Convert to Editable Poly"（转换为可编辑多边形），删除背后多余的面，并进入点层级，为其调整形状，如图 7-143 所示。进入线层级，在右侧面板中选中 "Extrude"，向上进行多次挤压，并将多余的点合并，详细步骤如图 7-144 至图 7-148 所示。

图 7-143　古钟楼制作步骤 143

图 7-144　古钟楼制作步骤 144

图 7-145　古钟楼制作步骤 145

图 7-146　古钟楼制作步骤 146

图 7-147　古钟楼制作步骤 147

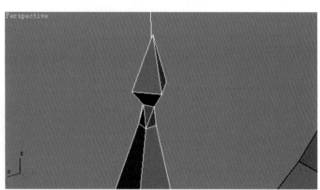

图 7-148　古钟楼制作步骤 148

现在模型部分就已经完成了，如图 7-149 所示。

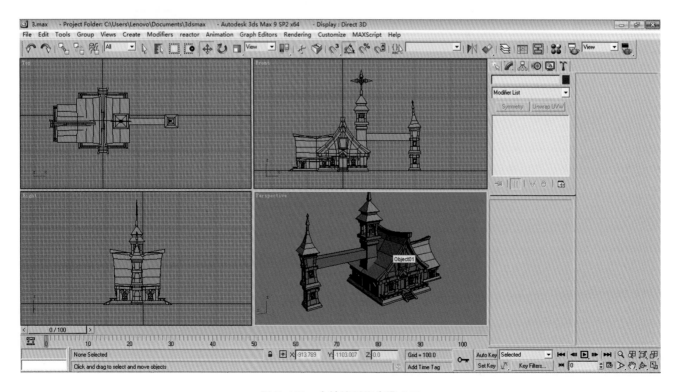

图 7-149　古钟楼制作步骤 149

7.4
大型场景模型的 UV 展开与贴图赋予

首先，按快捷键 M 键打开材质球编辑器，单击"Diffuse"右侧的方框，选择棋盘格，然后在右边上方的工具栏里输入"U"搜索修改器"Unwrap UVW"，单击，给模型附加一个"UVW 展开"修改器，并完成 UV 的排布后将 UV 图导出，找到 UV 界面上的"Tools"工具选项，下面有"Render UVW"，使用该渲染命令，设置 UV 贴图尺寸，渲染出 UV 图，将渲染出的 UV 图像保存，以便在 Photoshop 中完成贴图的绘制，如图 7–150 至图 7–152 所示。

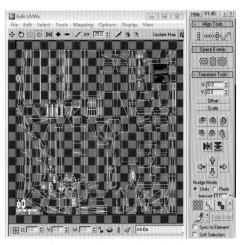

图 7–150　古钟楼制作步骤 150

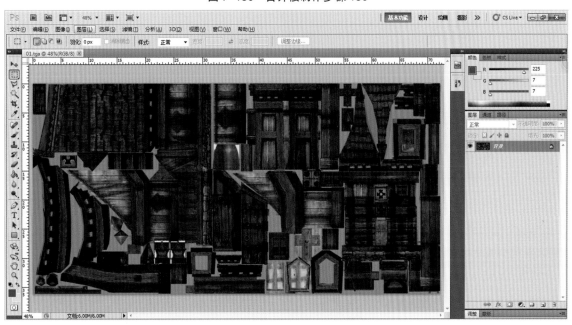

图 7–151　古钟楼制作步骤 151

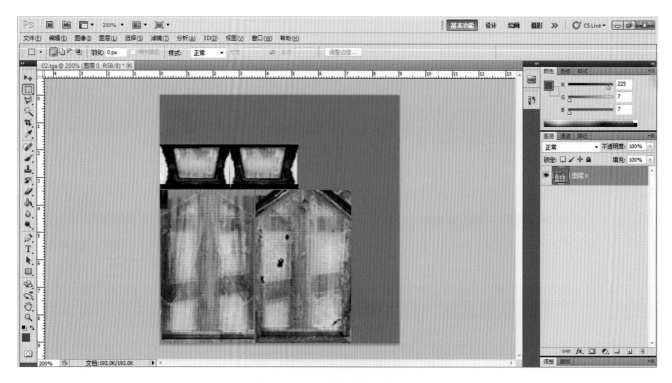

图 7-152　古钟楼制作步骤 152

　　最后在选择贴图类型的时候选择"Bitmap"位图，然后找到绘制好的贴图，赋予模型并显示，至此模型制作全部完成，如图 7-153 所示。

图 7-153　古钟楼制作步骤 153